高 等 学 校 规 划 教 材

机械工程
测试技术基础

JIXIE GONGCHENG
CESHI JISHU JICHU

曲云霞　邱瑛　主编
高铁红　孙立新　副主编
白成刚　主审

化学工业出版社

·北京·

本教材依据现代机械工程领域测试技术的发展，总结多年的教学实践经验，将测试技术与工程技术实践相结合，在书中介绍了机械工程测试技术的基本知识、基本理论、基本方法、最新发展及实际应用。全书内容包括绪论、信号及其描述、测试装置的基本特性、常用传感器、信号的中间变换与记录、信号分析与处理、现代测试系统、振动的测试，以及典型测试系统设计案例。

本书可作为高等工科院校相关专业的教学用书，也可供有关技术人员参考。

图书在版编目（CIP）数据

机械工程测试技术基础/曲云霞，邱瑛主编. —北京：化学
工业出版社，2015.6
高等学校规划教材
ISBN 978-7-122-23957-0

Ⅰ.①机…　Ⅱ.①曲…②邱…　Ⅲ.①机械工程-测试技术-
高等学校-教材　Ⅳ.①TG806

中国版本图书馆 CIP 数据核字（2015）第 099912 号

责任编辑：廉　静　　　　　　　　　　　　　文字编辑：张燕文
责任校对：边　涛　　　　　　　　　　　　　装帧设计：韩　飞

出版发行：化学工业出版社（北京市东城区青年湖南街 13 号　邮政编码 100011）
印　　装：大厂聚鑫印刷有限责任公司
787mm×1092mm　1/16　印张 10¾　字数 258 千字　2015 年 8 月北京第 1 版第 1 次印刷

购书咨询：010-64518888（传真：010-64519686）　售后服务：010-64518899
网　　址：http://www.cip.com.cn
凡购买本书，如有缺损质量问题，本社销售中心负责调换。

定　　价：28.00 元

前言
FOREWORD

本教材是为适应高等学校专业综合改革的需要，适应现代科学技术和生产的快速发展，适应机械设计制造及其自动化、机械电子工程、测控技术与仪器、车辆工程等专业的教学内容改革和教材建设的迫切需要而编写的。

在机械制造业信息化和创新型人才培养中，测试技术起着极为重要的作用。测试技术随着材料科学、微电子科学和计算机科学与技术的迅速发展而发展，是现代科学研究的学者和工程技术人员必须掌握并不断更新的基本技术。作为一门重要的技术基础课程，测试技术和信号分析与处理技术涉及内容广、教学难度大。本版教材重点介绍了测试技术的基本概念、基本原理和基本方法，并与实际工程相结合，将抽象的理论融入到实际工程案例中，便于读者理解和掌握；在教材内容的安排和处理方面，在满足教学要求的前提下，力求贯彻机电结合、测控结合、理论与实践结合及少而精的原则；在保证基本内容的前提下，尽量反映测试技术的最新发展趋势和水平；行文叙述方面尽量考虑机械工程、仪器仪表学生的知识结构和思维特点。

全书共九章。第一章至第六章为测试技术的基础知识，是测试技术课程教学的基本内容，第七章介绍现代测试技术的发展及应用，第八章介绍机械工程领域中最常用的振动量测试的基本知识，第九章根据测试系统的构成，介绍工程实际案例的分析与设计方法。

本书第一章、第二章、第三章、第七章由邱瑛编写，第四章、第五章、第六章由曲云霞编写，第八章由魏智编写，第九章由高铁红、孙立新编写。全书由曲云霞、邱瑛统稿，由北京航空航天大学自动控制系白成刚教授主审。

在编写过程中，参考了有关院校、企业和科研单位的文献资料，并得到许多专家、学者的支持和帮助，在此表示衷心感谢。

限于编者的学识和经验，本书疏漏之处在所难免，恳请同行专家和读者不吝赐教。

编者

2015 年 3 月

目录
CONTENTS

第一章

绪　论

第一节　概　述

一、测试与信息

　　微电子技术和计算机技术的迅速发展使机械工业发生了深刻的变化。机械产品的结构与功能产生了质的跃变，机电一体化技术的蓬勃兴起与发展正是这一跃变的体现。机械产品的功能由以往取代、延伸和放大人的体力劳动作用跃变到能够取代、延伸和加强人的部分脑力劳动的作用。机械制造和使用的过程不仅包含物质流和能量流，还包含信息流。长期以来，人们对机械工业中的物质研究得比较充分，而对信息问题还有待充分研究。

　　机械工程与微电子技术、计算机技术紧密结合，形成了机械电子工程，这对信息问题的研究和应用提出了更高的要求。可喜的是，近年来这方面的研究越来越受到重视，取得了很大成绩。

　　测试是人们认识客观事物的方法。测试过程是从客观事物中提取、处理有关信息的认识过程。它属于信息科学范畴，所以又被称为信息探测工程学。机械工程测试技术有其特有的内容和特点。

二、测试技术的内容与作用

　　测试是具有实验性质的测量，它包含测量和实验两方面的内容。在测试过程中，借助专门的仪器设备，通过实验和运算，得到与所研究对象有关的信息。

　　测试是人们认识事物不可缺少的手段，近代科学技术的发展更是如此，用定量关系和数学语言来表达科学规律和理论需要测试技术，检验科学理论和规律的正确性同样需要测试技术。科学上很多新的发现和突破都是以测试为基础的。科学技术的发展促进了测量设备和实验技术的发展。

　　测试技术与信号分析技术在生产和机构运行过程中起着类似人的感觉器官和大脑的作用。随着机电一体化和生产过程自动化的发展，先进的测试与信号分析设备已成为生产系统中不可缺少的组成部分。测试技术已广泛地应用于农业生产、科学研究、国防建设、交通运输、医疗卫生、环境保护和民生等各个方面，起着越来越重要的作用，成为国民经济发展和社会进步的一项必不可少的重要基础技术。因而使用先进的测试技术也就成为经济高度发展和科技现代化的重要标志之一。

本书以机械量电测技术为例，力求从机电结合、测控结合的角度阐述测试技术和信号分析技术的基本理论、原理和常见机械量的测试方法。通过学习，可以掌握动态测试的基本理论知识和基本技能，为进一步学习、研究和解决机电工程中的技术问题打下基础。

三、测试技术的发展

现代生产的发展和工程科学研究对测试及其相关技术的需求极大地推动了测试技术的发展，而现代物理学、信息科学、计算机科学、电子和机械电子科学与技术的迅速发展又为测试技术的发展提供了知识和技术支持，从而促使测试技术在近 20 年来得到极大的发展和广泛应用。归纳起来有以下几个方面。

① 从单一学科向多学科相互借鉴和渗透，形成综合各学科成果的测量系统。

② 动态测试技术的发展越来越快。

③ 智能传感器和计算机技术的发展和应用，使测试系统向自动化、智能化和网络化的方向发展。

④ 测试系统的在线实时能力进一步提高。

⑤ 测试与控制密切结合，实现"以信息流控制能量流和物质流"。

第二节　测量方法和测量误差

一、测量方法

测量方法的正确与否十分重要，它关系到测量结果是否可靠以及测量工作能否正常进行。所以，必须根据不同的测量任务和要求，确定合适的测量方法，并据此选择合适的测试装置，组成测试系统，进行实际测试。如果测量方法不合理，即使有性能优良的仪器设备，也不能得到满意的测量结果。

测量方法的分类很多，本节主要介绍以下三种。

1. 静态测量和动态测量

这种分类方法是根据被测物理量的性质来划分的。静态测量即测量那些不随时间变化或变化很缓慢的物理量；动态测量即测量那些随时间迅速变化的物理量。

静态与动态是相对的。一切事物都是发展变化的，也可以把静态测量视为动态测量的一种特殊形式。动态测量的误差分析比静态测量更复杂。

2. 直接测量、间接测量和组合测量

（1）直接测量

直接测量是用预先标定好的测量仪表，对某一未知量直接进行测量，从而得到测量结果。例如，用水银温度计测量温度；用压力表测量压力；用万用表测量电压、电流、电阻等。直接测量的优点是简单而迅速，所以在工程上应用广泛。

（2）间接测量

间接测量是对与被测物理量有确切函数关系的物理量进行直接测量，然后把所测得的数据代入关系式中进行计算，从而求出被测物理量。间接测量方法比较复杂，一般在直接测量很不方便或无法进行时，或用间接测量比用直接测量能获得更准确的结果时，才采用间接测量。

（3）组合测量

组合测量是在测量中，使各个未知量以不同的组合形式出现，根据直接测量和间接测量所得到的数据，通过解联立方程组求出未知量。其目的就是在不提高计量仪器准确度的情况下，提高被测量值的准确度。

例如，在 0～630℃ 范围内，铂热电阻温度计的电阻值与温度的关系为

$$R_t = R_0(1 + At + Bt^2)$$

为了确定铂电阻的温度系数 A、B 和在 0℃ 时的铂电阻值 R_0，首先需要测量三种不同温度下的电阻值 R_{t1}、R_{t2} 和 R_{t3}，然后再解联立方程组。

组合测量比较复杂，但却易达到较高的精度，一般适用于科学实验和特殊场合。

3. 接触式测量和非接触式测量

根据传感器与被测物体是否接触分为接触式测量和非接触式测量。较精密的接触式测量要考虑测量力的影响。

二、测量误差

1. 误差的定义

被测物理量所具有的客观存在的量值称为真值 x_0。由测试装置测得的结果称为测量值 x。测量值与真值之差称为误差。

误差的表达形式一般有两种，绝对误差和相对误差。

（1）绝对误差

绝对误差一般即为测量值与真值之差 Δx，它表示误差的大小。

$$\Delta x = x - x_0 \tag{1-1}$$

真值是一个理想概念，一般是不知道的。在实际测量中，常用高精度的量值表示真值，称为"约定真值"。

绝对误差只能表示出误差量值的大小，而不便于比较测量结果的精度。例如，有两个温度的测量结果为 （15±1）℃ 和 （50±1）℃，尽管它们的绝对误差都是 ±1℃，显然后者的精度高于前者。

（2）相对误差

绝对误差与被测量的真值之比称为相对误差，一般用百分比（％）表示。若测量值与真值接近，也可近似用绝对误差与测量值之比作为相对误差。

$$\delta = \frac{\Delta x}{x_0} \approx \frac{\Delta x}{x} \tag{1-2}$$

为了方便，还常常使用"引用误差"的概念。引用误差是一种简化的、方便实用的相对误差。它是以测量仪表某一刻度点的误差为分子，满刻度值为分母所得的比值，即

$$引用误差 = \frac{某一刻度点的误差}{满刻度值} \tag{1-3}$$

我国常用的电工、热工仪表就是按引用误差之值进行精度分级的。在选择仪表时，要兼顾仪表的精度等级和测量上限两个方面。

2. 误差按特征的分类

根据误差的特征，可将误差分为三类：系统误差、随机误差和粗大误差。

（1）系统误差

在同一条件下，多次测量同一量值时，绝对值和符号保持不变；或在条件改变时，按一定规律变化的误差称为系统误差。例如，由于标准量值的不准确、仪器刻度的不准确而引起的误差。

因为系统误差有规律性，所以应尽可能通过分析和实验的方法加以消除，或通过引入修正值的方法加以修正。

（2）随机误差

在相同条件下，多次测量同一量值时，绝对值和符号以不可预定的方式变化的误差称为随机误差。例如，仪表中传动部件的间隙和摩擦、连接件的变形等因素引起的误差。

虽然一次测量产生的随机误差没有确定的规律，但是通过大量的测量，发现在多次重复测量的总体上，随机误差服从一定的统计规律，最常见的就是正态分布规律。这种规律的表现之一就是随着测量次数的增多，绝对值相等、符号相反的随机误差出现的次数趋于相等。这样，各次测量的随机误差的总和正负抵偿，特别是当测量次数趋于无穷时，其总体平均趋于零。这一性质称为随机误差的抵偿性，它是随机误差最重要的统计特性。

应当指出，一般情况下，在任何一次测量中，系统误差和随机误差都是同时存在的，而且它们之间并不存在严格界限，在一定的条件下可以相互转化。例如，仪表的分度误差，对制造者来说具有随机的性质，为随机误差；而对检定部门来说就转化为系统误差了。随着对误差来源和变化规律认识的深入以及测试技术的发展，人们对系统误差与随机误差的区分会越来越明确。

（3）粗大误差

这种误差主要是由于测量人员的粗心大意、操作错误、记录和运算错误或外界条件的突然变化等原因产生的。粗大误差的产生使测量结果有明显的歪曲，凡经证实含有粗大误差的数据，应从实验数据中剔除。

第三节　测量系统和控制系统

在非电量电测技术和机电控制技术中，经常遇到机械量和电量的相互变换问题，即一个机电系统可以输入机械量输出电量，也可以输入电量输出机械量。多数机电变换装置都具有这种可逆的特性。例如，磁电式传感器、压电式传感器等。这种可逆的特性称为机电系统的双向性。系统的双向性不仅把机械和电气联系起来，而且把测试与控制联系起来。

一、系统、输入和输出

通常的工程测试问题总是处理输入量 $x(t)$、输出量 $y(t)$ 和系统本身的特性 $h(t)$ 三者之间的关系（图 1-1）。

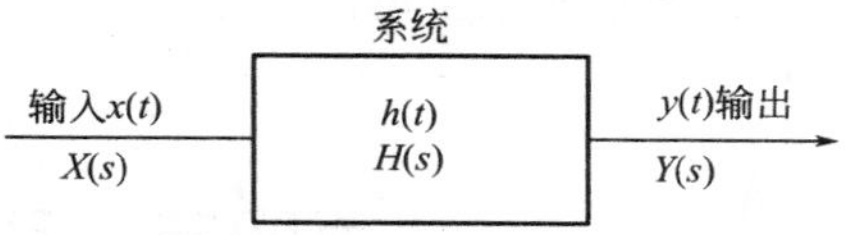

从广义上讲，图 1-1 所示的系统可以是开环系统，也可以是闭环系统，有时则是一个大系统的子系统，甚至一个元件。

工程上经常处理以下三个问题。

① 已知系统特性和输出量，求输入量。

② 已知系统特性和输入量，求输出量。

③ 已知输入量和输出量，求系统特性。

一般来讲，问题①属于测试问题；问题②属于控制问题；问题③属于系统辨识问题。但在实际工作中，三者又密不可分，在测试工作中都会遇到。例如，问题③是求测试系统本身的特性，常常是测试装置的定度问题，而定度问题属于测试技术范畴。此外，测试与控制也是密不可分的。

图 1-1 系统、输入和输出

二、开环测量系统和闭环测量系统

常用的测量仪器一般是由传感器、测量电路、输出电路和记录显示装置组成的开环测量系统。每一个组成部分又往往分为若干组成环节。从而整个仪器的相对误差为各个环节相对误差之和，并且每一个环节的动态特性都直接影响整个仪器的动态特性。为了保证整机的动态特性和精度，往往要对每一个组成环节都提出严格的技术要求。环节越多，对每一个环节的要求越严格。显然，这会使整个仪器制造困难，价格昂贵。

随着科学技术的发展，控制工程的理论和方法在测试技术中得到越来越广泛的应用。例如，根据反馈控制原理，将开环测量系统接成闭环测量系统，同时提高开环增益、加深负反馈，可以大大改善测量系统的动态特性，提高精度和稳定性。

三、反馈测量系统和反馈控制系统

如图 1-2 所示，反馈控制系统和反馈测量系统从工作原理来讲是相同的。所不同的是前者的目的是使输出量（即被控制量）精确地受输入量（即控制量）的控制；而后者的目的是希望输入量（即被测量）能准确地用输出量（即测得量）显示出来或记录下来。此外，反馈测量系统中的被测量的反馈量通常是非电量，测得量一般是电量，反馈装置为逆传感器。当

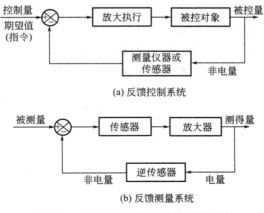

(a) 反馈控制系统

(b) 反馈测量系统

图 1-2 反馈控制系统与反馈测量系统

然，这是对非电量电测技术而言。一般来讲，测量系统比控制系统所需功率小。

第四节　动态测试的特点和研究方法

如前所述，动态测试的被测量是随时间而迅速变化的；仪器的输入量及测试结果（数据或信号）也是随时间而迅速变化的。

由于动态测试发展得越来越快，给传统的测量学科带来了一系列观念、研究方法和技术手段等方面的发展和更新。

在观念上，虽然测量的任务都是以测量系统的输出去估价被测物理量即测量系统的输入，但在静态测试中，测量系统的输入与输出是数值上的对应关系；而在动态测试中，测试系统的输入与输出则是信号上的对应关系。因为动态测试是测量物理量随时间变化的过程，即信号，信号是信息的载体，所以信号的描述和处理在动态测试中占有重要的地位。

由于上述基本差别的存在，两种测试的研究方法就有很大不同。例如，静态测试对数值误差上的分析很重视；而在动态测试中则以不失真复现分析作为基础。于是，对静态测试系统和动态测试系统的要求也就存在着很大差别。动态测试重点研究测试系统的动态响应、信号的不失真传递、噪声的耦合和消除等一系列与信号有关的问题。对测量误差的分析一般也仅着眼于与这些因素有关的因素而引起的误差。例如，由于测试系统的动态特性而引起的误差等。

在技术手段方面，动态测试需要解决的是信号的获取、信号的分析与处理以及信号的记录所依存的系统和环节，包括硬件、软件以及由它们组合的系统。如前所述，由于微电子技术、智能传感技术和计算机技术的发展，动态测试的技术手段越来越先进、越来越完善。

习　题

1-1　测试技术主要包括哪些内容？测试工作的意义是什么？

1-2　什么是直接测量、间接测量、组合测量？

1-3　什么是静态测量和动态测量？

1-4　什么是接触式测量和非接触式测量？

1-5　什么是测量误差？其具体的表达形式有哪些？各自的含义是什么？

1-6　测量系统与控制系统的主要区别是什么？

第二章

信号及其描述

第一节　概　　述

一、信号与信息

信号是传递信息的一种物理量。信息是事物客观存在或运动状态的反映。信号是信息的载体，而信息则是信号的具体内容。在生产实践和科学实验中，需要观测大量的现象及其参量的变化。这些变化量可以通过测量装置变成容易测量、记录和分析的电信号。一个信号承载着反映被测物体系统的运动状态或特性的某些有用的信息，它是认识客观事物的内在规律、研究事物之间的相互关系、预测未来发展的依据。例如，回转机械由于动不平衡而产生振动，那么振动信号就传达了该回转机械动不平衡的信息，因此它就成为研究回转机械动不平衡的依据。

信息本身不是物质，它不具有能量，但信息的传输和处理却依靠物质和能量。信号具有能量，它描述了物理量（或其他量）的变化过程。

二、信号的分类

信号的分类方法很多，这里仅就本书常用的信号特点进行介绍。

信号按其运动规律可分为确定性信号和非确定性信号（随机信号）两大类。确定性信号可分为周期信号和非周期信号。周期信号又可分为简谐信号和复合周期信号；非周期信号又可分为准周期信号和瞬变信号。非确定性信号可分为平稳随机信号和非平稳随机信号。平稳随机信号又可分为各态历经信号和非各态历经信号。

确定性信号随时间有规律地变化，可用数字关系式或图表来确切地描述。例如，图 2-1 所示的集中参数单自由度振动系统做无阻尼自由振动时，其位移 $x(t)$ 是确定性信号，可用数学关系式来确定质量块的瞬时位置，即

$$x(t) = x_0 \sin(t\sqrt{k/m} + \varphi_0) \tag{2-1}$$

式中　x_0——初始幅值；

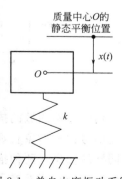

图 2-1　单自由度振动系统

φ_0——初始相位角；

k——弹簧刚度；

m——质量；

t——时间。

非确定性信号具有随机特点，它随时间的变化没有确定的规律，每次观测的结果都不相同，无法用数学关系式或图表确切描述，更不能准确预测，只能通过概率统计方法估计。例如，火车、汽车运行时的振动情况等。

根据信号的时域特性，信号分类如下：

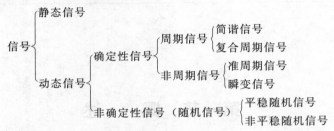

另外，若信号数学表达式中的独立变量是连续变量，则称该信号为连续（模拟）信号；若将独立变量取离散值，则信号为离散信号；若信号数学表达式的独立变量和信号的幅值都是数字化的，则称其为数字信号。

三、信号的描述

信号的描述包括时域描述和频域描述。直接观测或记录的信号一般为随时间变化的物理量，以时间作为独立变量，称为信号的时域描述。信号的时域描述只能反映信号的幅值随时间变化的特征，而不能明确揭示信号的频率组成。为了研究信号的频率结构和各频率成分的幅值大小、相位关系，应对信号进行频谱分析，把时域信号通过变换变成频域信号，此即信号的频域描述。图 2-2 所示为周期方波的时域波形和频域描述。

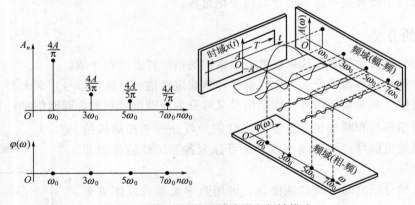

图 2-2　周期方波的时域波形和频域描述

信号在不同域的描述，是为了解决不同问题的需要，使所需的信号特征更为突出。时域描述信号比较形象直观，而频域描述信号则更为简练。同一信号无论选用哪种描述方法都含有同样的信息，两种描述方法可互相转换，并没有增加新的信息。

近年来，还发展了信号的时频描述。例如，小波变换和短时傅里叶变换。它是在时间-

频率域对信号进行描述和分析，而不是仅在时域或仅在频域。

第二节 周期信号与离散频谱

一、周期信号的傅里叶三角函数展开式

周期信号是按一定时间间隔 T 不断重复的信号。它满足下列关系式：

$$x(t) = x(t + nT) \tag{2-2}$$

式中 n——整数，$n = 0, \pm1, \pm2, \cdots$；

　　T——周期。

在有限区间上，任何信号只要满足狄里赫来条件，均可展成傅里叶级数的三角函数形式，即

$$x(t) = a_0 + \sum_{n=1}^{\infty}(a_n \cos n\omega_0 t + b_n \sin n\omega_0 t) \tag{2-3}$$

$$\left.\begin{aligned} a_0 &= \frac{1}{T}\int_{-T/2}^{T/2} x(t)\,\mathrm{d}t \\ a_n &= \frac{2}{T}\int_{-T/2}^{T/2} x(t)\cos n\omega_0\,\mathrm{d}t \\ b_n &= \frac{2}{T}\int_{-T/2}^{T/2} x(t)\sin n\omega_0 t\,\mathrm{d}t \end{aligned}\right\} \tag{2-4}$$

式中 a_0——信号的常值分量，即均值；

　　a_n——信号的余弦分量幅值；

　　b_n——信号的正弦分量幅值；

　　T——信号的周期；

　　ω_0——信号的角频率。

T 与 ω_0 关系式是 $\omega_0 = 2\pi/T$。

将式(2-3) 中同频项合并，可以改写成

$$x(t) = a_0 + \sum_{n=1}^{\infty} A_n \sin(n\omega_0 t + \varphi_n) \tag{2-5}$$

其中

$$A_n = \sqrt{a_n^2 + b_n^2}$$

$$\varphi_n = \arctan \frac{a_n}{b_n}$$

由此可见，周期信号是由一个或几个、甚至无穷多个不同频率的谐波叠加而成的。以角频率为横坐标、幅值 A_n 或相角 φ_n 为纵坐标所作的图称为频谱图。A_n-$n\omega_0$ 图称为幅频谱；φ_n-$n\omega_0$ 图称为相频谱。因为 n 是整数，相邻谱线频率的间隔 $\Delta\omega = \omega_0 = 2\pi/T$，即各频率成分都是 ω_0 的整数倍，因而谱线是离散的。ω_0 称为基频，几次倍频成分 $A_n \sin(n\omega_0 t + \varphi_n)$ 称为几次谐波。

每一根谱线对应其中一种谐波，频谱就是构成信号的各频率分量的集合，它表征信号的频率结构。在频谱中，频率范围是 $0 \sim +\infty$，所以频谱是单边谱。

【例 2-1】 求图 2-3 中周期矩形脉冲信号的频谱。

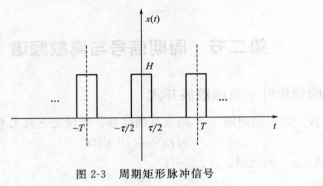

图 2-3 周期矩形脉冲信号

解： $x(t)$ 可表示为

$$x(t) = \begin{cases} H & -\tau/2 + kT \leqslant t < \dfrac{\tau}{2} + kT \\ 0 & \tau/2 + kT \leqslant t < (k+1)T - \tau/2 \end{cases}$$

式中，$k = 0, \pm 1, \pm 2, \cdots$。

由式(2-4) 得

$$a_0 = \frac{1}{T} \int_{-T/2}^{T/2} x(t)\,\mathrm{d}t = \frac{1}{T} \int_{-\tau/2}^{\tau/2} H\,\mathrm{d}t = H\tau/T$$

$$a_n = \frac{2}{T} \int_{-T/2}^{T/2} x(t)\cos n\omega_0 t\,\mathrm{d}t = \frac{2}{T} \int_{-\tau/2}^{\tau/2} H\cos n\omega_0 t\,\mathrm{d}t = \frac{2H}{n\pi}\sin\frac{n\pi\tau}{T}$$

$$b_n = \frac{2}{T} \int_{-T/2}^{T/2} x(t)\sin n\omega_0 t\,\mathrm{d}t = 0$$

因此

$$x(t) = a_0 + \sum_{n=1}^{\infty} A_n \sin(n\omega_0 t + \varphi_n)$$

这里

$$\omega_0 = \frac{2\pi}{T}$$

$$a_0 = \frac{H\tau}{T}$$

$$A_n = \sqrt{a_n^2 + b_n^2} = \left| \frac{2H}{n\pi}\sin\frac{n\pi\tau}{T} \right|$$

$$\varphi_n = \tan^{-1}\frac{a_n}{0} \qquad (a_n > 0, \varphi_n = \pi/2; a_n < 0, \varphi_n = -\pi/2)$$

图 2-4 所示为 $\tau/T = 1/2$ 时信号的频谱图。

图 2-5 所示为 $\tau/T = 1/5$ 时信号的频谱图。

由上述分析得出如下结论。

① 周期信号各谐波频率必定是基波频率的整数倍，不存在非整数倍的频率分量。

② 频谱是离散的。

③ 由幅频谱线看出，谐波幅值总的趋势是随谐波次数增多而减少。

④ 相频谱线表明，各谐波之间有严格的相位关系。

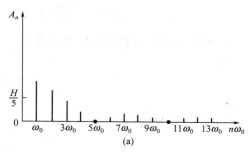

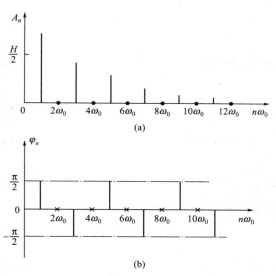

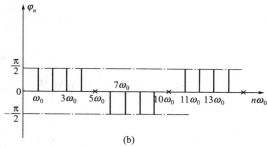

图 2-4 $\tau/T=1/2$ 时周期矩形脉冲信号的频谱   图 2-5 $\tau/T=1/5$ 时周期矩形脉冲信号的频谱

一般，在信号的频谱分析中没有必要取那些次数过高的谐波分量。

二、周期信号的傅里叶级数的复指数函数展开式

利用欧拉公式可把三角函数展开式变为复指数函数展开式，将单边谱变为双边谱。

根据欧拉公式

$$e^{\pm j\omega t}=\cos\omega t\pm j\sin\omega t \tag{2-6}$$

有

$$\cos\omega t=\frac{1}{2}(e^{-j\omega t}+e^{j\omega t}) \tag{2-7}$$

$$\sin\omega t=\frac{1}{2}j(e^{-j\omega t}-e^{j\omega t}) \tag{2-8}$$

因此式（2-3）可改写为

$$x(t)=a_0+\sum_{n=1}^{\infty}\left[\frac{1}{2}(a_n+jb_n)e^{-jn\omega_0 t}+\frac{1}{2}(a_n-jb_n)e^{jn\omega_0 t}\right] \tag{2-9}$$

令

$$\left.\begin{array}{l}c_n=\frac{1}{2}(a_n-jb_n)\\[4pt]c_{-n}=\frac{1}{2}(a_n+jb_n)\\[4pt]c_0=a_0\end{array}\right\} \tag{2-10}$$

则可得

$$x(t)=c_0+\sum_{n=1}^{\infty}c_{-n}e^{-jn\omega_0 t}+\sum_{n=1}^{\infty}c_n e^{jn\omega_0 t}$$

即

$$x(t) = \sum_{-\infty}^{\infty} c_n e^{jn\omega_0 t} \qquad (n=0, \ \pm1, \ \pm2, \cdots) \qquad (2\text{-}11)$$

这就是傅里叶级数的复指数函数形式。

而

$$c_n = \frac{1}{T} \int_{-T/2}^{T/2} x(t) e^{-jn\omega_0 t} \, dt \qquad (2\text{-}12)$$

一般 c_n 是复数。

$$c_n = |c_n| e^{j\varphi_n} \qquad (2\text{-}13)$$

$$|c_n| = \left| \frac{1}{T} \int_{-T/2}^{T/2} x(t) e^{-jn\omega_0 t} \, dt \right| \qquad (2\text{-}14)$$

$$\varphi_n = \arctan \frac{\mathrm{Im}\{c_n\}}{\mathrm{Re}\{c_n\}} \qquad (2\text{-}15)$$

式中，$\mathrm{Im}\{c_n\}$，$\mathrm{Re}\{c_n\}$ 分别是 c_n 的虚部和实部。

所以

$$x(t) = \sum_{-\infty}^{\infty} |c_n| e^{j(n\omega_0 t + \varphi_n)} \qquad (2\text{-}16)$$

式中　$n\omega_0$——谐波角频率；

　$|c_n|$——谐波幅值；

　φ_n——初相角。

c_n 与 $n\omega_0$ 的关系称为复频谱；$|c_n|$ 与 $n\omega_0$ 的关系称为幅频谱；φ_n 与 $n\omega_0$ 的关系称为相频谱。

复频谱的频率范围是 $-\infty \sim +\infty$，所以复频谱又称为双边谱。

【例 2-2】 求例 2-1 中当 $\tau/T = 1/4$ 时信号的复频谱。

解：已知

$$x(t) = \begin{cases} H & -\tau/2 + kT \leqslant t < \tau/2 + kT \\ 0 & \tau/2 + kT \leqslant t < (k+1)T - \tau/2 \end{cases}$$

由式（2-12）得

$$c_n = \frac{1}{T} \int_{-T/2}^{T/2} x(t) e^{-jn\omega_0 t} \, dt = \frac{H}{n\pi} \sin \frac{n\pi\tau}{T}$$

$$|c_n| = \left| \frac{1}{T} \int_{-T/2}^{T/2} x(t) e^{-jn\omega_0 t} \, dt \right| = \left| \frac{H}{n\pi} \sin \frac{n\pi\tau}{T} \right|$$

$$\varphi_n = \arctan \frac{\mathrm{Im}\{c_n\}}{\mathrm{Re}\{c_n\}}$$

由于虚部 $\mathrm{Im}\{c_n\} = 0$，实部 $\mathrm{Re}\{c_n\} = \dfrac{H}{n\pi} \sin \dfrac{n\pi\tau}{T}$，所以

$$\varphi_n = \begin{cases} 0 & \text{当} \dfrac{H}{n\pi} \sin \dfrac{n\pi\tau}{T} > 0 \\[2mm] \pi & \text{当} \dfrac{H}{n\pi} \sin \dfrac{n\pi\tau}{T} < 0, n > 0 \\[2mm] -\pi & \text{当} \dfrac{H}{n\pi} \sin \dfrac{n\pi\tau}{T} < 0, n < 0 \end{cases}$$

当 $\tau/T=1/4$ 时，其复频谱即幅频谱和相频谱如图 2-6 所示。

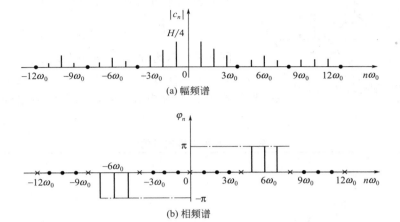

(a) 幅频谱

(b) 相频谱

图 2-6　$\tau/T=1/4$ 时周期矩形脉冲信号的复频谱

由图 2-6 可以看出复频谱具有如下特点。

① 幅频谱对称于纵坐标，即信号谐波的幅值是频率的偶函数。

② 相频谱对称于坐标原点，即信号谐波的相角是频率的奇函数。

③ 复频谱（双边谱）与单边谱比较，对应于某一角频率 $n\omega_0$，单边谱只有一条谱线，而双边谱在 $\pm n\omega_0$ 处各有一条谱线；因而谱线数量增加了一倍，但谱线高度却减小了一半，即 $|c_n|=\frac{1}{2}A_n$。

三、周期信号的强度表述

周期信号的强度用如下几种形式表述。

1. 峰值 X_f

峰值 X_f 是信号可能出现的最大瞬时值，即

$$X_f=|x(t)|_{max} \tag{2-17}$$

它反映信号的动态范围，希望 X_f 在测试系统的动态范围内。

2. 均值 μ_x 和绝对均值 $\mu_{|x|}$

均值 μ_x 是信号的常值分量，即

$$\mu_x=\frac{1}{T}\int_0^T x(t)\mathrm{d}t \tag{2-18}$$

绝对均值是信号经全波整流后的均值，即

$$\mu_{|x|}=\frac{1}{T}\int_0^T |x(t)|\mathrm{d}t \tag{2-19}$$

3. 有效值和平均功率

有效值是信号的均方根值 x_{rms}，即

$$x_{rms}=\sqrt{\frac{1}{T}\int_0^T x^2(t)\mathrm{d}t} \tag{2-20}$$

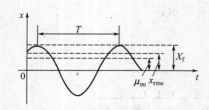

图 2-7　周期信号的强度表述

它反映信号的功率大小。

有效值的平方就是信号的平均功率 P_{av}，即

$$P_{av} = x_{rms}^2 = \frac{1}{T}\int_0^T x^2(t)\,\mathrm{d}t \qquad (2\text{-}21)$$

图 2-7 所示为周期信号的强度表述。

表 2-1 列举了几种典型信号的上述参数。可见，信号的均值、绝对均值、峰值和有效值之间的关系与波形有关。

表 2-1　几种典型信号的强度

名称	波形图	X_f	μ_x	$\mu_{|x|}$	x_{rms}
正弦波		A	0	$\dfrac{2A}{\pi}$	$\dfrac{A}{\sqrt{2}}$
方波		A	0	A	A
三角波		A	0	$\dfrac{A}{2}$	$\dfrac{A}{\sqrt{3}}$
锯齿波		A	$\dfrac{A}{2}$	$\dfrac{A}{2}$	$\dfrac{A}{\sqrt{3}}$

第三节　非周期信号与连续频谱

非周期信号包括准周期信号和瞬变信号。准周期信号是由没有公共周期的周期信号组成的，它的频谱是离散频谱。瞬变信号是指除了准周期信号之外的非周期信号。通常习惯上所指的非周期信号就是指瞬变信号。图 2-8 所示为几种非周期信号：图（a）是矩形脉冲信号；

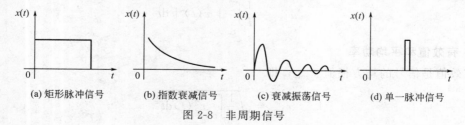

(a) 矩形脉冲信号　　(b) 指数衰减信号　　(c) 衰减振荡信号　　(d) 单一脉冲信号

图 2-8　非周期信号

图（b）是指数衰减信号；图（c）是衰减振荡信号；图（d）是单一脉冲信号。

一、傅里叶变换

获得周期信号频谱的方法是利用傅里叶级数，而获得非周期信号频谱的方法则是利用傅里叶变换。

周期为 T 的周期信号 $x(t)$，其频谱是离散的。当周期 T 趋于无穷大时，该信号就变成非周期信号了，非周期信号的频谱是连续的。这是因为周期信号频谱中谱线间隔 $\Delta\omega = \omega_0 = 2\pi/T$，当 $T\to\infty$ 时，$\Delta\omega\to 0$，这样谱线无限密集以致离散频谱最终变为连续频谱。因此，非周期信号可认为是无限个频率及其接近的频率成分的合成。

设有周期信号 $x(t)$，则其在（$T/2$，$-T/2$）区间内傅里叶级数为

$$x(t) = \sum_{-\infty}^{+\infty} c_n \mathrm{e}^{\mathrm{j}n\omega_0 t}$$

其中

$$c_n = \frac{1}{T}\int_{-T/2}^{T/2} x(t)\mathrm{e}^{-\mathrm{j}n\omega_0 t}\,\mathrm{d}t$$

所以

$$x(t) = \sum_{-\infty}^{+\infty}\left[\frac{1}{T}\int_{-T/2}^{T/2} x(t)\mathrm{e}^{-\mathrm{j}n\omega_0 t}\,\mathrm{d}t\right]\mathrm{e}^{\mathrm{j}n\omega_0 t}$$

当 $T\to\infty$ 时，$\Delta\omega = 2\pi/T \to \mathrm{d}\omega$，即 $1/T \to \mathrm{d}\omega/(2\pi)$，而离散频谱中相邻的谱线紧靠在一起，$n\omega_0 \to \omega$，上式中 $\sum \to \int$，于是有

$$x(t) = \sum_{-\infty}^{+\infty}\left[\frac{\mathrm{d}\omega}{2\pi}\int_{-T/2}^{T/2} x(t)\mathrm{e}^{-\mathrm{j}\omega t}\,\mathrm{d}t\right]\mathrm{e}^{\mathrm{j}\omega t} = \int_{-\infty}^{+\infty}\left[\frac{1}{2\pi}\int_{-\infty}^{+\infty} x(t)\mathrm{e}^{-\mathrm{j}\omega t}\,\mathrm{d}t\right]\mathrm{e}^{\mathrm{j}\omega t}\,\mathrm{d}\omega$$

令

$$X(\omega) = \frac{1}{2\pi}\int_{-\infty}^{+\infty} x(t)\mathrm{e}^{-\mathrm{j}\omega t}\,\mathrm{d}t \tag{2-22}$$

则

$$x(t) = \int_{-\infty}^{+\infty} X(\omega)\mathrm{e}^{\mathrm{j}\omega t}\,\mathrm{d}\omega \tag{2-23}$$

式（2-22）中 $X(\omega)$ 为 $x(t)$ 的傅里叶变换；而式（2-23）中 $x(t)$ 为 $X(\omega)$ 的傅里叶逆变换。两者互称为傅里叶变换对，用下式表示两者的关系。

$$x(t)\underset{\mathrm{IFT}}{\overset{\mathrm{FT}}{=\!=\!=}}X(\omega)$$

利用 $\omega = 2\pi f$，则式（2-22）和式（2-23）可写为

$$X(f) = \int_{-\infty}^{+\infty} x(t)\mathrm{e}^{-\mathrm{j}2\pi ft}\,\mathrm{d}t \tag{2-24}$$

$$x(t) = \int_{-\infty}^{+\infty} X(f)\mathrm{e}^{\mathrm{j}2\pi ft}\,\mathrm{d}f \tag{2-25}$$

同样，$x(t)$ 和 $X(f)$ 关系相应变为

$$x(t)\underset{\mathrm{IFT}}{\overset{\mathrm{FT}}{=\!=\!=}}X(f)$$

式（2-24）和式（2-25）易于记忆。$X(f)$ 和 $X(\omega)$ 关系是

$$X(f) = 2\pi X(\omega) \tag{2-26}$$

通常 $X(f)$ 是实变量 f 的复函数，所以 $X(f)$ 可写为

$$X(f)=\text{Re}X(f)+\text{j}\text{Im}X(f)=|X(f)|\text{e}^{\text{j}\varphi(f)} \tag{2-27}$$

式中，$|X(f)|$ 是信号 $x(t)$ 的连续幅值谱，$\varphi(f)$ 是信号 $x(t)$ 的连续相位谱。

$$|X(f)|=\sqrt{[\text{Re}X(f)]^2+[\text{Im}X(f)]^2}$$

$$\varphi(f)=\arctan\frac{\text{Im}X(f)}{\text{Re}X(f)}$$

需要注意的是，非周期信号的幅值谱 $|X(f)|$ 是连续的，而周期信号的幅值谱是离散的。并且，$|X(f)|$ 的量纲是单位频宽上的幅值，即 $X(f)$ 是 $x(t)$ 的频谱密度函数。而周期信号的幅值谱 $|c_n|$ 的量纲与其幅值一致。

应当指出，傅里叶变换应满足以下两个条件：狄里赫来条件；绝对可积。

在工程上所遇到的非周期信号，基本上均能满足上述条件。

【例 2-3】 求矩形窗函数 $\omega_R(t)$ 的频谱。已知矩形窗函数 $\omega_R(t)$ 的定义为

$$\omega_R(t)=\begin{cases}1 & |t|\leqslant\tau/2 \\ 0 & |t|>\tau/2\end{cases}$$

解：由式(2-24) 得 $\omega_R(t)$ 的频谱 $W_R(f)$ 为

$$W_R(f)=\int_{-\infty}^{+\infty}\omega_R(t)\text{e}^{-\text{j}2\pi ft}\,\text{d}t=\int_{-\tau/2}^{\tau/2}\text{e}^{-\text{j}2\pi ft}\,\text{d}t$$

$$=\tau\sin\pi f\tau/(\pi f\tau)=\tau\,\text{sinc}\,(\pi f\tau)$$

上式中，定义 $\text{sinc}(\theta)=\sin\theta/\theta$，$\text{sinc}(\theta)$ 的图像如图 2-9 所示。$\text{sinc}(\theta)$ 是以 2π 为周期，且随 θ 增大而做衰减振荡。它是偶函数，在 $n\pi$（n 为整数）处其值为零。所以，矩形窗函数 $\omega_R(t)$ 及其频谱 $W_R(f)$ 的图形如图 2-10 所示。

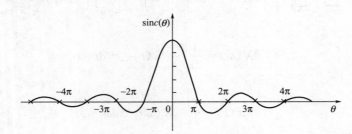

图 2-9　$\text{sinc}(\theta)$ 的图像

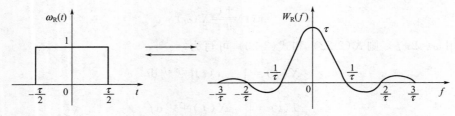

图 2-10　矩形窗函数及其频谱图

二、傅里叶变换的主要性质

傅里叶变换将一个信号的时域与频域彼此联系起来。了解、熟悉傅里叶变换的主要性质，以便了解信号在一个域中的变化将在另一个域中引起什么变化。利用这些性质可减少许

多不必要的计算，并有利于绘制频谱图。

1. 奇偶虚实性

一般 $X(f)$ 是 f 的复变函数，它可以写为

$$X(f) = \int_{-\infty}^{+\infty} x(t)\mathrm{e}^{-\mathrm{j}2\pi ft}\mathrm{d}t = \mathrm{Re}X(f) - \mathrm{j}\mathrm{Im}X(f) \tag{2-28}$$

其中

$$\mathrm{Re}X(f) = \int_{-\infty}^{+\infty} x(t)\cos 2\pi ft\,\mathrm{d}t \tag{2-29}$$

$$\mathrm{Im}X(f) = \int_{-\infty}^{+\infty} x(t)\sin 2\pi ft\,\mathrm{d}t \tag{2-30}$$

余弦函数是偶函数，正弦函数是奇函数。

① 如果 $x(t)$ 是实偶函数，则 $\mathrm{Im}X(f) = 0$；$X(f)$ 是实偶函数，即 $X(f) = \mathrm{Re}X(f) = X(-f)$。

② 如果 $x(t)$ 是实奇函数，则 $\mathrm{Re}X(f) = 0$；$X(f)$ 是虚奇函数，即 $X(f) = \mathrm{Im}X(f) = -X(-f)$。

③ 如果 $x(t)$ 是虚偶函数，则同理可知 $X(f)$ 是虚偶函数。

④ 如果 $x(t)$ 是虚奇函数，则同理可知 $X(f)$ 是实奇函数。

2. 翻转定理

若信号 $x(t)$ 的频谱为 $X(f)$，则信号 $x(-t)$ 的频谱为 $X(-f)$。换句话说，当信号在时域绕纵坐标轴翻转 $180°$ 时，它在频域中也绕纵坐标轴翻转 $180°$，即若

$$x(t) \Longleftrightarrow X(f)$$

则

$$x(-t) \Longleftrightarrow X(-f) \tag{2-31}$$

3. 线性叠加性

若信号 $x(t)$ 和 $y(t)$ 的频谱分别为 $X(f)$ 和 $Y(f)$，则 $ax(t)+by(t)$ 的频谱为 $aX(f)+bY(f)$，即

$$ax(t)+by(t) \Longleftrightarrow aX(f)+bY(f) \tag{2-32}$$

4. 对称性

若

$$x(t) \Longleftrightarrow X(f)$$

则

$$X(t) \Longleftrightarrow x(-f) \tag{2-33}$$

证明：若 $x(t) = \int_{-\infty}^{+\infty} X(f)\mathrm{e}^{\mathrm{j}2\pi ft}\mathrm{d}f$，以 $-t$ 代替 t，则

$$x(-t) = \int_{-\infty}^{+\infty} X(f)\mathrm{e}^{-\mathrm{j}2\pi ft}\mathrm{d}f$$

再把 t 与 f 互换，则

$$x(-f) = \int_{-\infty}^{+\infty} X(t)\mathrm{e}^{-\mathrm{j}2\pi ft}\mathrm{d}t$$

即为

$$X(t) \Longleftrightarrow x(-f)$$

对称性应用举例如图 2-11 所示。

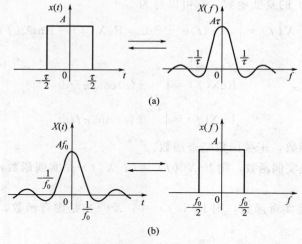

(a)

(b)

图 2-11 对称性应用举例

5. 时间尺度改变特性（相似定理）

在信号幅值不变的情况下，若

$$x(t) \Longleftrightarrow X(f)$$

则

$$x(kt) \Longleftrightarrow \frac{1}{k} X\left(\frac{f}{k}\right) \qquad (k>0) \qquad (2-34)$$

证明：$\int_{-\infty}^{+\infty} x(kt) \mathrm{e}^{-\mathrm{j}2\pi ft} \mathrm{d}t = \frac{1}{k} \int_{-\infty}^{+\infty} x(kt) \mathrm{e}^{-\mathrm{j}2\pi \frac{f}{k}(kt)} \mathrm{d}(kt) = \frac{1}{k} X\left(\frac{f}{k}\right)$

当 $k<1$ 时，时间尺度扩展，如图 2-12(a) 所示，其频谱变窄，幅值增高；当 $k>1$ 时，时间尺度压缩，如图 2-12(c) 所示，此时，频谱的频带加宽，幅值降低。

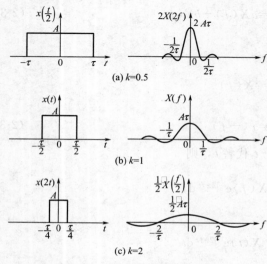

(a) k=0.5

(b) k=1

(c) k=2

图 2-12 时间尺度改变特性举例

例如，把记录磁带慢录快放，即时间尺度压缩，这样尽管提高了处理信号的效率，但却使得到的信号频带加宽。如果后续处理设备（放大器、滤波器）的通频带不够宽，就会导致失真。相反，快录慢放，使信号的带宽变窄，对后续处理设备的通频带要求降低，却使信号处理效率下降。

6. 时移和频移特性

若 $x(t) \Longleftrightarrow X(f)$，在时域中信号沿时间轴平移一常值 t_0 时，则

$$x(t \pm t_0) \Longleftrightarrow X(f) \mathrm{e}^{\pm \mathrm{j}2\pi ft_0} \qquad (2-35)$$

在频域中信号沿频率轴平移一常值 f_0 时，则

$$x(t)e^{\pm j2\pi f_0 t} \Longleftrightarrow X(f \mp f_0) \tag{2-36}$$

式（2-35）表明，当信号时移 $\pm t_0$ 后，其幅频谱不变，而相频谱由原来的 $\varphi(f)$ 变为 $\varphi(f) \pm 2\pi f t_0$，即在时域的移动，引起频域中的相移。

式（2-36）表明，信号在时域上乘以 $e^{\pm j2\pi f_0 t}$（可认为是正弦或余弦信号），将使其频谱沿频率轴右移或左移 f_0。

7. 乘积定理（卷积特性）

如果两信号 $x_1(t)$ 和 $x_2(t)$ 的频谱分别为 $X_1(f)$ 和 $X_2(f)$，则

$$x_1(t) * x_2(t) \Longleftrightarrow X_1(f) \cdot X_2(f) \tag{2-37}$$

$$x_1(t) \cdot x_2(t) \Longleftrightarrow X_1(f) * X_2(f) \tag{2-38}$$

式（2-37）说明时域中两信号卷积等效于频域中它们频谱的乘积；式（2-38）说明时域中两信号乘积等效于频域中它们频谱的卷积。

若其中有一信号为周期信号，设 $x_2(t)$ 为周期信号，即 $x_2(t) = \sum_{-\infty}^{+\infty} c_n e^{j2\pi n f_0 t}$，利用叠加性和频移特性，有如下推论：

$$x_1(t) * x_2(t) \Longleftrightarrow \sum_{-\infty}^{+\infty} c_n X_1(f - n f_0) \tag{2-39}$$

8. 微分与积分特性

若 $x(t) \Longleftrightarrow X(f)$，则

（1）时域微分特性

$$\frac{d^n x(t)}{dt^n} \Longleftrightarrow (j2\pi f)^n X(f) \tag{2-40}$$

（2）频域微分特性

$$(-j2\pi t)^n x(t) \Longleftrightarrow \frac{d^n X(f)}{df^n} \tag{2-41}$$

（3）积分特性

$$\int_{-\infty}^{t} x(t)dt \Longleftrightarrow \frac{1}{j2\pi f} X(f) \tag{2-42}$$

式（2-42）可视为式（2-40）当 $n = -1$ 时的特例。

在测量机械振动过程中，如果测得振动系数的位移、速度或加速度中的一个参数的频谱，则利用微积分特性可得到另两个参数的频谱。

傅里叶变换（频谱）的主要性质如表 2-2 所示。

表 2-2　傅里叶变换的主要性质

性质	时域	频域
奇偶虚实	实偶函数	实偶函数
	实奇函数	虚奇函数
	虚偶函数	虚偶函数
	虚奇函数	实奇函数
线性叠加	$ax(t) + by(t)$	$cX(f) + bY(f)$
对称	$X(t)$	$x(-f)$

续表

性质	时域	频域
时间尺度改变	$x(kt)$	$\dfrac{1}{k}X\left(\dfrac{f}{k}\right)$
时移	$x(t-t_0)$	$X(f)\mathrm{e}^{-\mathrm{j}2\pi t_0}$
频移	$x(t)\mathrm{e}^{\mp\mathrm{j}2\pi f_0 t}$	$X(f\pm f_0)$
翻转	$x(-t)$	$X(-f)$
共轭	$\overline{x(t)}$	$\overline{x(-f)}$
时域卷积	$x_1(t)*x_2(t)$	$X_1(f)\cdot X_2(f)$
频域卷积	$x_1(t)*x_2(t)$	$X_1(f)\cdot X_2(f)$
时域微分	$\dfrac{\mathrm{d}^n x(t)}{\mathrm{d}x^n}$	$(\mathrm{j}2\pi f)^n X(f)$
频域微分	$(-\mathrm{j}2\pi t)^n x(T)$	$\dfrac{\mathrm{d}^n X(f)}{\mathrm{d}f^n}$
积分	$\displaystyle\int_{-\infty}^{t} x(t)\mathrm{d}t$	$\dfrac{1}{\mathrm{j}2\pi f}X(f)$

三、几种典型信号的频谱

1. 矩形窗函数的频谱

矩形窗函数的频谱已在例 2-3 中讨论。由此可知，一个时域有限、区间内有值的信号，其频谱却延伸至无限频率。用矩形窗函数在时域中截取信号，相当于原信号和矩形窗函数相乘，而所得信号的频谱是原信号频谱与 $\mathrm{sin}c$ 函数的卷积。它是连续的、频率无限延伸的频谱。

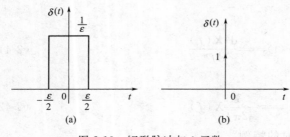

图 2-13　矩形脉冲与 δ 函数

2. 单位脉冲函数（δ 函数）及其频谱

（1）δ 函数的定义

在 ε 时间内的一个矩形脉冲 $\delta_\varepsilon(t)$（也可用三角形脉冲、钟形脉冲等），其面积为 1，如图 2-13（a）所示。当 $\varepsilon\rightarrow 0$ 时，$\delta_\varepsilon(t)$ 的极限就称为单位脉冲函数，记作 $\delta(t)$。将 $\delta(t)$ 用一个单位长度的有向线段表示，这个长度表示 $\delta(t)$ 的积分（面积），如图 2-13（b）所示。

（2）δ 函数的筛选性

如果 δ 函数与某一连续信号 $x(t)$ 相乘，则其积仅在 $t=0$ 处有值 $x(0)\delta(t)$，其余各点均为零，即

$$\int_{-\infty}^{+\infty}\delta(t)x(t)\mathrm{d}t=\int_{-\infty}^{+\infty}\delta(t)x(0)\mathrm{d}t=x(0) \tag{2-43}$$

同样，对于延时 t_0 的 δ 函数 $\delta(t-t_0)$，只有在 $t=t_0$ 处其积不等于零，因此

$$\int_{-\infty}^{+\infty}\delta(t-t_0)x(t)\mathrm{d}t=\int_{-\infty}^{+\infty}\delta(t-t_0)x(t_0)\mathrm{d}t=x(t_0) \tag{2-44}$$

式（2-43）和式（2-44）表示 δ 函数的筛选性质。它用于对连续信号的离散采样。

（3）δ 函数与其他函数的卷积

若 $\delta(t)$ 与某一函数 $x(t)$（如矩形窗函数）进行卷积，则根据卷积定义有

$$x(t)*\delta(t)=\int_{-\infty}^{+\infty}x(\tau)\delta(t-\tau)\mathrm{d}\tau$$

$$=\int_{-\infty}^{+\infty}x(\tau)\delta(\tau-t)\mathrm{d}\tau=x(t) \tag{2-45}$$

同样，若 $\delta(t\pm T)$ 与 $x(t)$ 进行卷积，则其卷积为

$$x(t)*\delta(t\pm T)=\int_{-\infty}^{+\infty}x(\tau)\delta(t\pm T-\tau)\mathrm{d}\tau=x(t\pm T) \tag{2-46}$$

因此，$x(t)$ 函数与 δ 函数的卷积，其结果就是简单地在发生脉冲的坐标位置上重新构图，如图 2-14 所示。

（4）δ 函数的频谱

对 $\delta(t)$ 进行傅里叶变换得

$$\Delta(f)=\int_{-\infty}^{+\infty}\delta(t)\mathrm{e}^{-\mathrm{j}2\pi ft}\mathrm{d}t=\mathrm{e}^0=1 \tag{2-47}$$

其逆变换为

$$\delta(t)=\int_{-\infty}^{+\infty}\mathrm{e}^{\mathrm{j}2\pi ft}\mathrm{d}f \tag{2-48}$$

所以，时域的单位脉冲函数具有无限宽广的频谱，且在所有的频段上都是等强度的，如图 2-15 所示。这种信号就是理想白噪声。

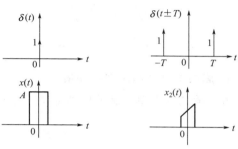

图 2-14　δ 函数与其他函数的卷积举例

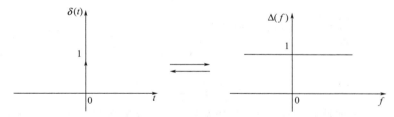

图 2-15　δ 函数及其频谱

3. 正弦函数和余弦函数的频谱

根据式（2-7）和式（2-8），正、余弦函数可以写成

$$\sin 2\pi f_0 t=\frac{1}{2}\mathrm{j}(\mathrm{e}^{-\mathrm{j}2\pi f_0 t}-\mathrm{e}^{\mathrm{j}2\pi f_0 t})$$

$$\cos 2\pi f_0 t=\frac{1}{2}(\mathrm{e}^{-\mathrm{j}2\pi f_0 t}+\mathrm{e}^{\mathrm{j}2\pi f_0 t})$$

应用频移特性，可求得如图 2-16 所示的正、余弦函数的傅里叶变换如下：

$$\sin 2\pi f_0 t\Longrightarrow\frac{1}{2}\mathrm{j}[\delta(f+f_0)-\delta(f-f_0)] \tag{2-49}$$

$$\cos 2\pi f_0 t\Longrightarrow\frac{1}{2}[\delta(f+f_0)+\delta(f-f_0)] \tag{2-50}$$

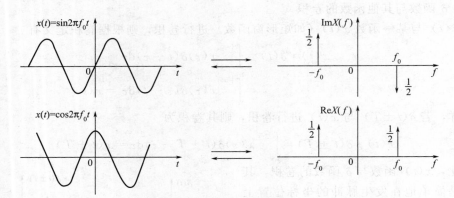

图 2-16　正、余弦函数及其频谱

4. 周期单位脉冲序列的频谱

等间隔的周期单位脉冲序列 $g(t)$ 为

$$g(t) = \sum_{-\infty}^{+\infty} \delta(t - nT_s) \tag{2-51}$$

式中　T_s——周期；

　　　n——整数。

因为 $g(t)$ 为周期函数，所以可把 $g(t)$ 表示为傅里叶级数的复指数形式：

$$g(t) = \sum_{-\infty}^{+\infty} c_n e^{j2\pi f_0 tn} \tag{2-52}$$

其中　　　　　　　　　　　　　$f_0 = \dfrac{1}{T_s}$

$$c_n = \frac{1}{T_s} \int_{-T_s/2}^{T_s/2} g(t) e^{-j2\pi n f_0 t} \, dt = \frac{1}{T_s} \int_{-T_s/2}^{T_s/2} \delta(t) e^{-j2\pi n f_0 t} \, dt = \frac{1}{T_s}$$

所以

$$g(t) = \frac{1}{T_s} \sum_{-\infty}^{+\infty} e^{j2\pi f_0 nt}$$

对上式，应用叠加性和频移特性即可得到 $g(t)$ 的频谱 $G(f)$ 及其频谱图，如图 2-17 所示。

$$G(f) = \frac{1}{T_s} \sum_{-\infty}^{+\infty} \delta(f - nf_0) = \frac{1}{T_s} \sum_{-\infty}^{+\infty} \delta\left(f - \frac{n}{T_s}\right) \tag{2-53}$$

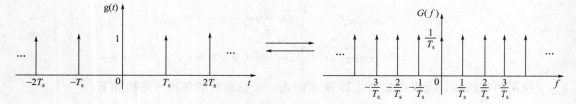

图 2-17　周期单位脉冲序列及其频谱

由此可知，若时域中周期脉冲序列的间隔为 T_s，则在频域中也为周期脉冲序列，其间隔为 $1/T_s$；时域中脉冲幅值为 1，则频域中幅值为 $1/T_s$。周期脉冲序列的频谱是离散的，与前面讲的一致。

第四节　随机信号

一、简介

随机信号是非确定性信号，它不能用确定的数学关系式来描述，不能预测它未来任何瞬时的精确值，任一次观测值只是在其变动范围中可能产生的结果之一，但其值的变动却服从统计规律。描述随机信号只能用概率和统计的方法。

对随机信号按时间历程所进行的各次长时间的观测记录称为样本函数，用 $x_i(t)$ 表示，如图 2-18 所示。而在有限区间内的样本函数称为样本记录。在同等实验条件下，全部样本函数的集合（总体）就是随机过程，用 $\{x(t)\}$ 表示，即

$$\{x(t)\} = \{x_1(t), x_2t, \cdots, x_i(t), \cdots\} \tag{2-54}$$

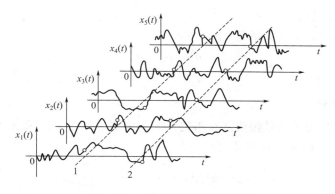

图 2-18　随机过程与样本函数

随机过程的各种平均值（均值、方差、均方值和均方根值等）是按集合平均来计算的。集合平均的计算不是沿某个样本的时间轴进行，而是在集合中某时刻 t_i 对所有样本函数的观测值进行平均。单个样本的时间历程进行平均的计算称为时间平均。

随机过程中，其统计特征参数不随时间而变化的过程是平稳随机过程，否则为非平稳随机过程。在平稳随机过程中，如果任何样本的时间平均统计特征等于集合平均统计特征，则该过程就是各态历经随机过程。在工程上所遇到的很多随机信号具有各态历经性。有的信号虽然不见得是各态历经过程，但也可以作为各态历经过程进行处理。实际测试工作中，常把随机信号按各态历经过程来处理，即用有限长度样本记录的分析、观察来推断、估计被测对象的整个随机过程。也就是说，在实际工作中，常以一个或几个样本记录来推断整个随机过程，以时间平均估计集合平均。

二、随机信号的主要特征参数

描述各态历经随机信号的主要特征参数有四个：均值、方差和均方值；概率密度函数；自相关函数；自功率谱密度函数。

本节仅讨论前两个参数，后两个参数将在第六章中讨论。

1. 均值 μ_x、方差 σ_x^2 和均方值 ψ_x^2

各态历经信号的均值 μ_x 为

$$\mu_x = \lim_{T \to \infty} \frac{1}{T} \int_0^T x(t)\,dt \tag{2-55}$$

式中　$x(t)$ ——样本函数；

　　　　T ——观测时间。

均值表示信号的常值分量。

方差 σ_x^2 描述随机信号的波动分量，它是 $x(t)$ 偏离 μ_x 的平方的均值，即

$$\sigma_x^2 = \lim_{T \to \infty} \frac{1}{T} \int_0^T [x(t) - \mu_x]^2\,dt \tag{2-56}$$

方差的正平方根称为标准差 σ_x，是随机数据分析的重要参数。

均方值 ψ_x^2 描述随机信号的强度，它是 $x(t)$ 平方的均值，即

$$\psi_x^2 = \lim_{T \to \infty} \frac{1}{T} \int_0^T x^2(t)\,dt$$

正平方根是有效值 x_{rms}。

均值、方差和均方值的关系是

$$\sigma_x^2 = \psi_x^2 - \mu_x^2 \tag{2-57}$$

当 $\mu_x = 0$ 时，$\sigma_x^2 = \psi_x^2$。

2. 概率密度函数

概率密度函数是表示信号幅值落在指定区间的概率。如图 2-19 所示的信号，$x(t)$ 落在 $(x，x+\Delta x)$ 区间内的时间总和 T_x 为

$$T_x = \Delta t_1 + \Delta t_2 + \cdots + \Delta t_n = \sum_{i=1}^{n} \Delta t_i \tag{2-58}$$

当样本函数的记录时间 T 趋于无穷大时，T_x/T 的比值就是幅值落在 $(x，x+\Delta x)$ 区间的概率，即

$$P[x < x(t) \leqslant x + \Delta x] = \lim_{T \to \infty} T_x/T$$

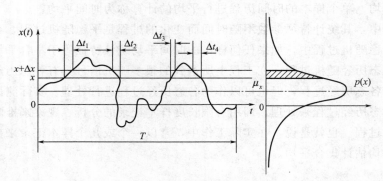

图 2-19　概率密度函数的计算

那么，定义幅值概率密度函数 $p(x)$ 为

$$p(x) = \lim_{\Delta x \to 0} \frac{P[x < x(t) \leqslant x + \Delta x]}{\Delta x} \tag{2-59}$$

概率密度函数提供了随机信号沿幅值域分布的信息，是随机信号的主要参数之一。不同的随机信号有不同的概率密度图形，借助它可以认识信号的性质。图 2-20 所示的是常见的四种随机信号的概率密度函数图形。

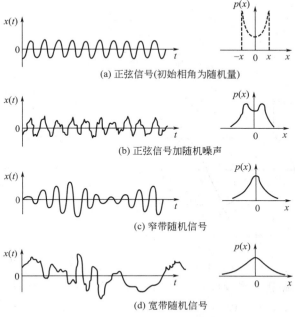

(a) 正弦信号(初始相角为随机量)

(b) 正弦信号加随机噪声

(c) 窄带随机信号

(d) 宽带随机信号

图 2-20　四种随机信号及其概率密度函数

习　题

2-1　求周期方波（图 2-21）的傅里叶级数（三角函数形式和复指数函数形式），并画出频谱图。

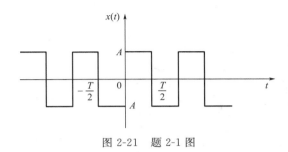

图 2-21　题 2-1 图

2-2　求单位阶跃函数［图 2-22(a)］和符号函数［图 2-22(b)］的频谱。

2-3　求被截断的余弦函数 $\cos\omega_0 t$（图 2-23）的傅里叶变换。

$$x(t)=\begin{cases}\cos\omega_0 t & |t|<T \\ 0 & |t|\geqslant T\end{cases}$$

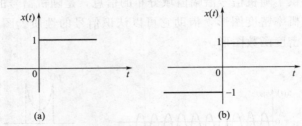

图 2-22　题 2-2 图

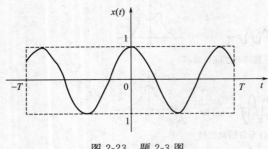

图 2-23　题 2-3 图

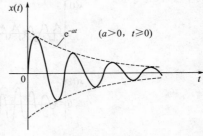

图 2-24　题 2-5 图

2-4　求正弦函数 $x_0(t) = x_0\sin\omega_0 t$ 的绝对均值 $\mu_{|x|}$ 和均方根值 x_{rms}。

2-5　求指数衰减振荡信号 $x(t) = e^{-at}\sin\omega_0 t$（图 2-24）的频谱。

2-6　求指数函数 $x(t) = Ae^{-at}$（$a > 0$，$t \geqslant 0$）的频谱。

2-7　设有一信号 $x(t) = 15\sin(148\pi t + 32.6°) + 99\sin(88\pi t + 15°) + 0.27\sin(1000\pi t - 45°) + 7.1\sin(120\pi t - 3°)$，该信号是否为周期信号？如果是周期信号，试确定该信号的周期。

2-8　求正弦信号 $x(t) = x_0\sin(\omega t + \varphi)$ 的均值、绝对均值、有效值和均方根值。

第三章

测试装置的基本特性

第一节　概　　述

测试装置的基本特性直接影响测试工作。

测试装置的基本特性包括静态特性和动态特性。当被测量为恒定值或为缓变信号时，通常只考虑测试装置的静态性能。而当对迅速变化的量进行测量时，就必须全面考虑测试装置的动态特性和静态特性。只有当其满足一定要求时，才能正确分析测试装置的输出信号，并据此研究输入信号及其变化，从而实现不失真测试。

由于现代测试技术常常是采用电测法，即首先将非电量（如力、位移、速度、加速度、扭矩、压力、流量、温度等）转换成电量，然后对信号进行分析处理，最后以恰当的形式输出。因而，测试装置一般具有如图 3-1 所示的基本组成。包括输入装置、中间处理装置和输出装置三个基本组成部分。由于测试的目的、要求不同，测试装置的复杂程度有很大差异。

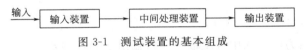

输入 → 输入装置 → 中间处理装置 → 输出装置

图 3-1　测试装置的基本组成

组成输入装置的核心是传感器。传感器是将被测物理量转换成电量（一般情况）的装置。简单的传感器可能只由一个敏感元件构成，而复杂的传感器不仅包括敏感元件，而且还包括信号转换和处理电路。智能传感器还包括微处理器。传感器是信号的直接采集者，与被测对象直接相连，并位于整个测试装置的最前端。传感器既要能准确地感受被测量，并将被测量转换成电量后不失真地传输给下一级，又不能对被测对象产生过大影响。

简单的测试装置可能完全忽略中间处理装置。而复杂的测试系统，中间处理装置可能包括多台仪器或计算机。

近年来，随着计算机技术的发展，微型计算机越来越多地应用于测试装置，如智能传感器，计算机辅助测试系统（CAT），数字信号处理器件和数字信号处理系统等。

在测试工作中，作为整个测试系统，它不仅包括研究对象，也包括测试装置。因此，要想从测试结果中正确评价研究对象的特性，首先要确知测试装置的特性。

理想的测试装置应该具有单值的、确定的输入、输出关系，其中，以输出和输入成线性关系为最佳。在静态测量中，虽然总是希望测试装置的输入、输出具有这种线性关系，但由于在静态测量中，用曲线校正或输出补偿技术进行非线性校正比较容易，因此这种线性关系并不是必需的。目前，由于在动态测试中进行非线性校正还相当困难，因此测试装置本身应该力求是线性系统，只有这样，才能进行比较完善的数学处理与分析。一些实际测试装置，不可能在较大的工作范围内完全保持线性，只能在一定的工作范围和一定的误差允许范围内进行线性处理。

常见的输出装置有各种指示仪表、记录仪器、显示器等。可根据具体测试情况选用输出装置，输出装置的选择应便于被测量的观察、记录和信号分析。

第二节　测试装置的基本特性

一、线性系统及其主要性质

在对线性系统动态特性的研究中，通常是用线性微分方程来描述其输入 $x(t)$ 与输出 $y(t)$ 之间的关系，即

$$a_n \frac{\mathrm{d}^n y(t)}{\mathrm{d}t^n} + a_{n-1}\frac{\mathrm{d}^{n-1} y(t)}{\mathrm{d}t^{n-1}} + \cdots + a_1 \frac{\mathrm{d}y(t)}{\mathrm{d}t} + a_0 y(t)$$

$$= b_m \frac{\mathrm{d}^m x(t)}{\mathrm{d}t^m} + b_{m-1}\frac{\mathrm{d}^{m-1} x(t)}{\mathrm{d}t^{m-1}} + \cdots + b_1 \frac{\mathrm{d}x(t)}{\mathrm{d}t} + b_0 x(t) \tag{3-1}$$

对实际系统来说，式中 $m \leqslant n$。

当 a_n，a_{n-1}，$\cdots$，a_1，a_0 和 b_m，b_{m-1}，$\cdots$，b_1，b_0 均为常数时，上述方程为常系数微分方程，其所描述的系统为线性时不变系统。

本节以 $x(t) \rightarrow y(t)$ 来表述线性时不变系统的输入、输出的对应关系，来讨论其所具有的一些主要性质。

1. 叠加特性

输入之和的输出为原输入中各个输入所得输出之和，即若

$$x_1(t) \rightarrow y_1(t), \ x_2(t) \rightarrow y_2(t)$$

则

$$[x_1(t) + x_2(t)] \rightarrow [y_1(t) + y_2(t)] \tag{3-2}$$

2. 比例特性

常数倍输入的输出等于原输入所得输出乘以相同倍数，即若

$$x(t) \rightarrow y(t)$$

c 为常数，则

$$cx(t) \rightarrow cy(t) \tag{3-3}$$

3. 微分特性

输入微分的输出等于原输入所得输出的微分，即若

$$x(t) \rightarrow y(t)$$

则

$$\frac{\mathrm{d}x(t)}{\mathrm{d}t} \longrightarrow \frac{\mathrm{d}y(t)}{\mathrm{d}t} \tag{3-4}$$

4. 积分特性

输入积分的输出等于原输入所得输出的积分，即若

$$x(t) \longrightarrow y(t)$$

则

$$\int_0^t x(t)\mathrm{d}t \longrightarrow \int_0^t y(t)\mathrm{d}t \tag{3-5}$$

5. 频率保持特性

系统的输入为某一频率的简谐激励时，则系统的稳态输出为同一频率的简谐运动，且输入、输出的幅值比及相位差不变，即若

$$x(t) \longrightarrow y(t)$$

根据线性时不变系统的比例特性和微分特性，得

$$\left[\frac{\mathrm{d}^2 x(t)}{\mathrm{d}t^2} + \omega^2 x(t)\right] \longrightarrow \left[\frac{\mathrm{d}^2 y(t)}{\mathrm{d}t^2} + \omega^2 y(t)\right]$$

当 $x(t) = x_0 \mathrm{e}^{\mathrm{j}\omega t}$ 时，则

$$\frac{\mathrm{d}^2 x(t)}{\mathrm{d}t^2} = (\mathrm{j}\omega)^2 x_0 \mathrm{e}^{\mathrm{j}\omega t} = -\omega^2 x(t)$$

$$\frac{\mathrm{d}^2 x(t)}{\mathrm{d}t^2} + \omega^2 x(t) = 0$$

则其输出为

$$\frac{\mathrm{d}^2 y(t)}{\mathrm{d}t^2} + \omega^2 y(t) = 0$$

于是，$y(t)$ 的唯一解为

$$y(t) = y_0 \mathrm{e}^{\mathrm{j}(\omega t + \varphi)} \tag{3-6}$$

频率保持特性是线性系统的一个很重要的特性，用实验的方法研究系统的响应特性就是基于这个性质。根据线性时不变系统的频率保持特性，如果系统的输入为一纯正弦函数，其输出却包含有其他频率成分，那么可以断定，这些其他频率成分绝不是输入引起的，它们或是由外界干扰引起的，或是由系统内部噪声引起的，或是由于输入太大使系统进入非线性区，或是系统中有明显的非线性环节所引起。

二、测试装置的静态特性

对测试装置而言，当其输入、输出不随时间而变化时，则其输入、输出的各阶导数为零。由式(3-1) 可得

$$y = \frac{b_0}{a_0} x = Sx \tag{3-7}$$

在这一关系的基础上所确定的测量装置的性能参数，称为测试装置的静态特性。由式(3-7) 可知，理想的定常线性系统，其输出将是输入的单调、线性比例函数，其中斜率 S 应是常数。然而，实际的测量装置并非理想的定常线性系统，静态特性就是在测量静态量的情

况下，实际测量装置与理想定常线性系统的接近程度的描述。描述测试装置静态特性的主要参数有线性度、灵敏度、回程误差和分辨力等。

1. 线性度

线性度为测量系统的标定曲线对理论拟合直线的最大偏差 B 与满量程 A 的百分比，即

$$线性度 = \frac{B}{A} \times 100\% \tag{3-8}$$

图 3-2 为线性度定义的图解。

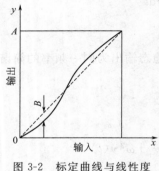

图 3-2　标定曲线与线性度

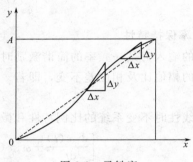

图 3-3　灵敏度

线性度是测试装置静态特性的基本参数之一。线性度是以一定的拟合直线作为基准直线计算的，选取不同的基准直线，得到不同的线性度数值。基准直线的确定有多种准则，目前国内外尚无统一的标准。比较常用的一种是：基准直线与标定曲线间偏差的均方值保持最小，且通过原点。

在测试过程中，人们总希望测试装置具有比较好的线性，为此，总要设法消除或减少测试装置中的非线性因素。例如，改变气隙厚度的电感传感器和变极距型电容传感器，由于它们的输出与输入成双曲线关系，从而造成比较大的非线性误差。因此，在实际应用中，通常做成差动式，以消除其非线性因素，从而使其线性得到改善。又如，为了减小非线性误差，在非线性元件之后引用另一个非线性元件，以使整个系统的特性曲线接近于直线。采用高增益负反馈环节消除非线性误差，也是经常采用的一种有效方法，高增益负反馈环节不仅可以用来消除非线性误差，而且还可以用来消除环境带来的影响。

2. 灵敏度

灵敏度为测试装置的输出量与输入量变化之比（图 3-3），即

$$S = \frac{\Delta y}{\Delta x} \tag{3-9}$$

它是测试装置静态特性的又一项基本参数。灵敏度为测试装置输入、输出特性曲线的斜率。能用式(3-7) 表示的测试装置，其输入、输出呈直线关系，这时，测试装置的灵敏度为一常数，即 $S = b_0 / a_0$。灵敏度是一个有量纲的量，其单位取决于输出量和输入量的单位。若测试装置的输出与输入为同量纲量，则其灵敏度就是无量纲量，通常称为放大倍数。

应该指出，灵敏度越高，测量范围越窄，测试装置的稳定性也就越差。因此，应合理选择测试装置的灵敏度，而不是灵敏度越高越好。

3. 回程误差

就某一测试装置而言，当其输入值由小变大再由大变小时，对同一输入值来说，也可能得到大小不同的输出值。所得到的输出值的最大差别与满量程输出的百分比称为回程误差，它是描述测量装置同输入变化方向有关的输出特性，即

$$回程误差 = \frac{y_{20} - y_{10}}{A} \times 100\% \tag{3-10}$$

图 3-4 为回程误差定义的图解。

产生回程误差的原因可归纳为系统内部各种类型的摩擦、间隙以及某些机械材料（如弹性元件）和电磁材料（如磁性元件）的滞后特性。

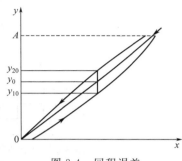

图 3-4　回程误差

4. 分辨力（分辨率）

引起测试装置的输出值产生一个可察觉变化的最小输入量（被测量）变化值称为分辨力。它用来描述装置对输入微小变化的响应能力。通常表示为它与可能输入范围之比的百分数。

例如：某数字电压表分辨力为 1mV，表示该电压表显示器上最末位跳变 1 个字时，对应的输入电压变化量为 1mV，即这个电压表能区分出最小为 1mV 的电压变化。

三、测试装置的动态特性

在动态测量中，人们观察到的输出量的变化，不仅受研究对象动态特性的影响，同时也受到测试装置动态特性的影响，这是两者综合影响的共同结果。因此，掌握测试装置的动态特性具有重要意义。

传递函数、频率响应函数和脉冲响应函数是对测试装置进行动态特性描述的三种基本方法，它们从不同角度表示出测试装置的动态特性，三者之间既有联系又各有特点。

1. 传递函数

（1）传递函数的定义

用于动态测量的测试装置，其输入、输出关系有如式（3-1）所示的微分方程加以描述。在输入 $x(t)$、输出 $y(t)$ 以及各阶导数的初始值均为零的情况下，对式（3-1）进行拉氏变换，得

$$(a_n s^n + \cdots + a_1 s + a_0) Y(s) = (b_m s^m + \cdots + b_1 s + b_0) X(s) \tag{3-11}$$

输出量的拉氏变换与输入量的拉氏变换之比称为系统的传递函数，记作

$$H(s) = \frac{Y(s)}{X(s)} = \frac{b_m s^m + b_{m-1} s^{m-1} + \cdots + b_1 s + b_0}{a_n s^n + a_{n-1} s^{n-1} + \cdots + a_1 s + a_0} \tag{3-12}$$

传递函数作为一种数学模型，用来描述测试装置的传输、转换特性，式（3-12）中的 n 代表了系统的阶数。对于线性时不变系统，传递函数具有如下特点。

① 传递函数是复变量 s 的有理分式（一般 $n \geqslant m$）。

② 传递函数描述了系统的固有特性，它只取决于测试系统本身的结构和元件的参数，与系统的输入及初始条件无关。

③ 传递函数通过将实际物理系统抽象成数学模型后，经过拉氏变换而得到。它只反映

系统的响应特性，而与具体的物理结构无关。

（2）环节串、并联的运算法则

如果测试装置包含两个串联元件（图3-5），且它们的传递函数分别为 $H_1(s)$ 和 $H_2(s)$，则其总的传递函数为

$$H(s)=\frac{Y(s)}{X(s)}=\frac{Z(s)}{X(s)}\times\frac{Y(s)}{Z(s)}=H_1(s)H_2(s) \tag{3-13}$$

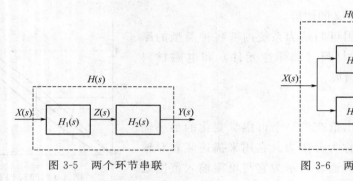

图 3-5　两个环节串联　　　　　图 3-6　两个环节并联

如果测试装置包含两个并联元件（图3-6），且它们的传递函数分别为 $H_1(s)$ 和 $H_2(s)$，则其总的传递函数为

$$H(s)=\frac{Y(s)}{X(s)}=\frac{Y_1(s)+Y_2(s)}{X(s)}=H_1(s)+H_2(s) \tag{3-14}$$

由上述结论便可推导出多个元件串、并联所组成的测试装置的传递函数。有关推导这里不再赘述。

组成测试装置的各功能部件多为一阶系统或二阶系统。如果抛开具体物理结构，则对于一阶系统，其微分方程为

$$a_1\frac{\mathrm{d}y(t)}{\mathrm{d}t}+a_0y(t)=b_0x(t)$$

或

$$\tau\frac{\mathrm{d}y(t)}{\mathrm{d}t}+y(t)=Sx(t) \tag{3-15}$$

式中　τ——时间常数；

　　　S——灵敏度。

式（3-15）的拉氏变换为

$$\tau sY(s)+Y(s)=SX(s)$$

故一阶系统的传递函数为

$$H(s)=\frac{Y(s)}{X(s)}=\frac{S}{\tau s+1} \tag{3-16}$$

对于二阶系统，其微分方程为

$$a_2\frac{\mathrm{d}^2y(t)}{\mathrm{d}t^2}+a_1\frac{\mathrm{d}y(t)}{\mathrm{d}t}+a_0y(t)=b_0x(t)$$

或

$$\frac{1}{\omega_\mathrm{n}^2}\times\frac{\mathrm{d}^2y(t)}{\mathrm{d}t^2}+\frac{2\zeta}{\omega_\mathrm{n}}\times\frac{\mathrm{d}y(t)}{\mathrm{d}t}+y(t)=Sx(t) \tag{3-17}$$

式中　ω_n——固有频率；

　　　ζ——阻尼比；

　　　S——灵敏度。

对式（3-17）进行拉氏变换，有

$$\frac{1}{\omega_n^2}s^2 Y(s)+\frac{2\zeta}{\omega_n}s Y(s)+Y(s)=SX(s)$$

故二阶系统的传递函数为

$$H(s)=\frac{S}{\frac{1}{\omega_n^2}s^2+\frac{2\zeta}{\omega_n}s+1}=\frac{S\omega_n^2}{s^2+2\zeta\omega_n s+\omega_n^2} \tag{3-18}$$

2. 频率响应函数

（1）频率响应函数的定义

当系统输入不同频率的正弦信号时，其稳态输出与输入的复数比称为系统的频率响应函数，记作 $H(j\omega)$。当系统输入正弦函数为

$$x(t)=X\sin\omega t$$

用简谐激励的复指数表示，则为

$$x(t)=X e^{j\omega t} \tag{3-19}$$

对于线性定常系统而言，根据其频率保持特性可知，系统的输出 $y(t)$ 应为

$$y(t)=Y\sin(\omega t+\varphi)$$

用复数表示，则为

$$y(t)=Y e^{j(\omega t+\varphi)} \tag{3-20}$$

将式（3-19）和式（3-20）代入式（3-1），可得到系统在 $x(t)$ 的作用下，输出达到稳态后，其输出与输入的复数比为

$$H(j\omega)=\frac{b_m(j\omega)^m+b_{m-1}(j\omega)^{m-1}+\cdots+b_1(j\omega)+b_0}{a_n(j\omega)^n+a_{n-1}(j\omega)^{n-1}+\cdots+a_1(j\omega)+a_0} \tag{3-21}$$

在式（3-21）中，通常以 $H(\omega)$ 代替 $H(j\omega)$，以求书写上的简化。

将 $H(\omega)$ 化作代数形式为

$$H(\omega)=P(\omega)+jQ(\omega) \tag{3-22}$$

则 $P(\omega)$ 和 $Q(\omega)$ 就都是 ω 的实函数，所画出的 $P(\omega)\text{-}\omega$ 曲线和 $Q(\omega)\text{-}\omega$ 曲线，分别称为该系统的实频特性曲线和虚频特性曲线。

将 $H(\omega)$ 化作指数形式为

$$H(\omega)=A(\omega)e^{j\varphi(\omega)} \tag{3-23}$$

则

$$A(\omega)=|H(j\omega)|=\sqrt{P^2(\omega)+Q^2(\omega)} \tag{3-24}$$

$A(\omega)$ 称为系统的幅频特性，其曲线 $A(\omega)\text{-}\omega$ 称为幅频特性曲线。

$$\varphi(\omega)=\arg[H(j\omega)]=\arctan\frac{Q(\omega)}{P(\omega)} \tag{3-25}$$

$\varphi(\omega)$ 称为相频特性，其曲线 $\phi(\omega)\text{-}\omega$ 称为相频特性曲线。

（2）一阶、二阶系统的频率响应函数

当系统输入为正弦信号时，很容易从一阶、二阶系统的传递函数得到其频率响应函数，

进而确定其幅频特性和相频特性。

一阶系统的频率响应函数为

$$H(\mathrm{j}\omega)=\frac{1}{\mathrm{j}\tau\omega+1}=\frac{1}{1+(\tau\omega)^2}-\mathrm{j}\,\frac{\tau\omega}{1+(\tau\omega)^2} \tag{3-26}$$

式中　τ——时间常数。

幅频特性

$$A(\omega)=\frac{1}{\sqrt{(\omega\tau)^2+1}} \tag{3-27}$$

相频特性

$$\varphi(\omega)=-\arctan(\omega\tau) \tag{3-28}$$

二阶系统的频率响应函数为

$$H(\mathrm{j}\omega)=\frac{1}{1-\left(\dfrac{\omega}{\omega_n}\right)^2+2\mathrm{j}\zeta\dfrac{\omega}{\omega_n}} \tag{3-29}$$

式中　ω_n——固有频率；

　　　ζ——阻尼比。

幅频特性

$$A(\omega)=\frac{1}{\sqrt{\left[1-\left(\dfrac{\omega}{\omega_n}\right)^2\right]^2+4\zeta^2\left(\dfrac{\omega}{\omega_n}\right)^2}} \tag{3-30}$$

相频特性

$$\varphi(\omega)=-\arctan\frac{2\zeta\left(\dfrac{\omega}{\omega_n}\right)}{1-\left(\dfrac{\omega}{\omega_n}\right)^2} \tag{3-31}$$

频率响应函数 $H(\omega)$ 是输入信号频率 ω 的复变函数，当 ω 从零逐渐增大到无穷大时，作为一个矢量，其端点在复平面上所形成的轨迹称为奈奎斯特图。图 3-7 和图 3-8 分别是一阶和二阶系统的奈奎斯特图。

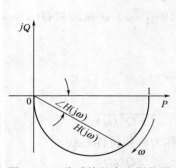

图 3-7　一阶系统的奈奎斯特图

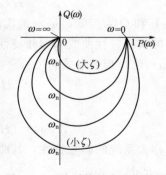

图 3-8　二阶系统的奈奎斯特图

将频率响应函数 $H(\omega)$ 表示在对数坐标上得到的曲线，称为对数频率特性图，它包括对数幅频特性和对数相频特性曲线，总称为波德图。它们的横坐标都是用频率 ω（rad/s）的对数来分度的；纵坐标分别以幅值 $A(\omega)$ 的对数 $20\lg A(\omega)$（dB）和相角 $\varphi(\omega)$ 进行线性分度。

图 3-9 和图 3-10 分别是一阶系统和二阶系统的波德图。

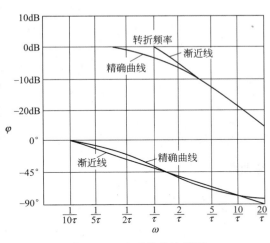

图 3-9　一阶系统的波德图

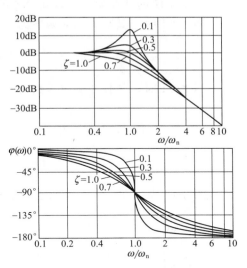

图 3-10　二阶系统的波德图

对比式（3-12）与式（3-21）可以看出：形式上，将传递函数中的 s 换成 $j\omega$，便得到了频率响应函数，但必须注意两者的含意是不同的。传递函数是输出与输入的拉氏变换之比，其输入并不限于正弦激励，而且传递函数不仅决定着测试装置的稳态性能，也决定了它的瞬态性能。频率响应函数是在正弦信号作用下，其稳态输出与输入之间的关系。

频率响应函数及其模和相角的自变量可以是角频率 ω，也可以是频率 f，两者均可使用。

3. 脉冲响应函数

（1）脉冲响应函数的定义

若输入为单位脉冲，即 $x(t)=\delta(t)$，则 $X(s)=L[\delta(t)]=1$。不言而喻，系统的响应输出将是 $Y(s)=H(s)X(s)=H(s)$，其时域描述即可通过对 $Y(s)$ 的拉普拉斯反变换求得。

$$y(t)=L^{-1}[H(s)]=h(t) \tag{3-32}$$

系统对单位脉冲输入的响应 $h(t)$ 称为该系统的脉冲响应函数，也称权函数，它是系统动态特性的时域描述。

事实上，理想的单位脉冲输入是不存在的。工程上，常把作用时间小于 $\frac{1}{10}\tau$（τ 为一阶系统的时间常数或二阶系统的振荡周期）的短暂的冲击输入，近似地认为是单位脉冲输入，则系统频域描述就是系统的频率响应函数，时域描述就是系统的脉冲响应函数。

（2）一阶、二阶函数的脉冲响应函数

由一阶、二阶系统的传递函数式（3-16）和式（3-18）求拉普拉斯反变换，即可得一阶、二阶系统的脉冲响应函数。

一阶系统的脉冲响应函数为

$$h(t)=\frac{1}{\tau}e^{-1/\tau} \tag{3-33}$$

其脉冲响应曲线如图 3-11 所示，其初始值为 $\dfrac{1}{\tau}$，初始斜率为 $-\dfrac{1}{\tau^2}$。

二阶系统的脉冲响应函数随着 ζ 的取值不同而有所不同。

当 $\zeta > 1$ 时，其脉冲响应函数为

$$h(t) = \frac{\omega_n}{2\sqrt{\zeta^2 - 1}} \left[e^{-(\zeta - \sqrt{\zeta^2 - 1})\omega_n t} - e^{-(\zeta + \sqrt{\zeta^2 - 1})\omega_n t} \right] \tag{3-34}$$

当 $\zeta = 1$ 时，其脉冲响应函数为

$$h(t) = \omega_n^2 t e^{-\omega_n t} \tag{3-35}$$

当 $0 < \zeta < 1$ 时，其脉冲响应函数为

$$h(t) = \frac{\omega_n}{\sqrt{1 - \zeta^2}} e^{-\zeta \omega_n t} \sin \sqrt{1 - \zeta^2} \, \omega_n t \tag{3-36}$$

图 3-12 为当 $0 < \zeta < 1$ 时的二阶系统脉冲响应曲线。

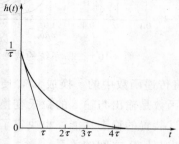

图 3-11　一阶系统脉冲响应曲线

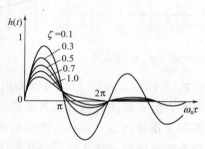

图 3-12　二阶系统脉冲响应曲线

（3）任意输入下测试装置的响应

测试装置对任意输入的响应可以用脉冲响应函数与输入 $x(t)$ 的卷积来描述。

图 3-13 所示为任意输入下系统的响应。当对系统施加任意输入 $x(t)$ 时［图 3-13（a）］，可以把 $x(t)$ 分成许多时间间隔为 Δt_i 的矩形窄条［图 3-13（b）］。若 Δt_i 足够小，就可以把

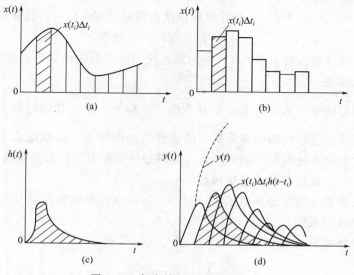

图 3-13　任意输入下系统的响应

t_i 时刻的矩形窄条看作幅度为 $x(t_i)\Delta t_i$ 的脉冲输入。则对于线性定常系统而言，在 t 时刻观察到的测试装置在任意输入作用下的响应，应该是所有 $t_i < t$ 的各输入 $x(t_i)\Delta t_i$ 的响应的总和，即

$$y(t) \approx \sum_{i=0}^{t} [x(t_i)\Delta t_i]h(t-t_i) \tag{3-37}$$

如图 3-13(c) 所示。而图 3-13(d) 是幅度为 $x(t_i)\Delta t_i$ 的脉冲响应。

取极限得

$$y(t) = \int_{0}^{t} x(t_i)h(t-t_i)\mathrm{d}t_i \tag{3-38}$$

即

$$y(t) = x(t) * h(t) \tag{3-39}$$

这就是说，从时域上看，系统的输出是输入与系统脉冲响应函数的卷积。

第三节　实现不失真测试的条件

作为测试装置，只有当它的输出能如实反映输入的变化时，它的测量结果才是可信的，才能据此解决各种测试问题，即实现不失真测试。由于测试装置的频率响应特性的影响，往往会造成输出与输入间的差异，当这一差异超过了允许的范围，其测量结果就毫无意义。

如图 3-14 所示，当测试装置的输出 $y(t)$ 与输入 $x(t)$ 相比，只在时间上有一个滞后，幅值增加了 A_0 倍，而两者的波形精确地一致，则可以认为这种情况是不失真的。若用数学方程式表示，则可以写作

$$y(t) = A_0 x(t-t_0) \tag{3-40}$$

式中　t_0——滞后时间；

A_0——信号增益。

即将输入信号沿时间轴向右平移 t_0，再将其幅值扩大 A_0 倍，则与输出信号完全重合。

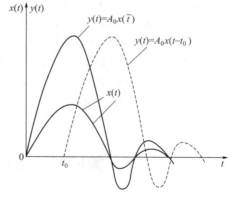

图 3-14　波形不失真地复现

对式(3-40) 进行傅氏变换，得

$$Y(\mathrm{j}\omega) = A_0 \mathrm{e}^{-\mathrm{j}t_0\omega}X(\mathrm{j}\omega) \tag{3-41}$$

则其频率响应函数为

$$H(\mathrm{j}\omega) = \frac{Y(\mathrm{j}\omega)}{X(\mathrm{j}\omega)} = A_0 \mathrm{e}^{-\mathrm{j}t_0\omega} \tag{3-42}$$

可见，要实现不失真测试，使输出的波形与输入的波形精确地一致，则测试装置的频率响应特性应分别满足

幅频特性　　　　　　$A(\omega) = 常量$

相频特性　　　　　　$\varphi(\omega) = -t_0\omega$ $\qquad$ (3-43)

如图 3-15 所示。

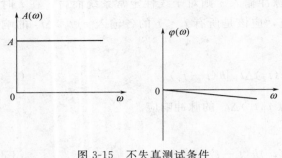

图 3-15 不失真测试条件

不能满足上述条件所引起的失真，分别被称为幅值失真和相位失真，只有同时满足幅值条件和相位条件，才能真正实现不失真测试。在实际测量中，绝对的不失真是不存在的，但是必须把失真的程度控制在许可的范围内。

应该指出，上述不失真测试的条件只适用于一般的测试目的。对于用于闭环控制系统中的测试装置，时间滞后 t_0 可能会破坏测试系统的稳定性，在这种情况下，$\varphi(\omega)=0$ 才是理想的。

综合考虑实现测试波形不失真条件和其他工作性能，对于一阶装置来说，时间常数 τ 越小，则装置的响应越快；对斜坡函数的响应，其时间滞后和稳态误差将越小；对正弦输入的响应，其幅值放大倍数增大。所以，装置的时间常数原则上越小越好。

对于二阶装置，其频率特性曲线中有两段值得注意。一般来讲，在 $\omega < 0.3\omega_n$ 的范围内，$\varphi(\omega)$ 的数值较小，而且相频特性曲线 $\varphi(\omega)$-ω 接近直线，$A(\omega)$ 在该范围内的变化不超过 10%；在 $\omega > (2.5 \sim 3)\omega_n$ 的范围内，$\varphi(\omega)$ 接近 $-180°$，而且差值甚小，如果在实测或数据处理中用减去固定相位差，或将测试信号反相 180° 的方法，则也接近于可以不失真地恢复被测信号的原波形。如果输入信号的频率范围在上述两者之间，则因为装置的频率特性受 ζ 的影响较大而需进行具体分析。分析表明，ζ 越小，装置对斜坡输入响应的稳态误差 $2\zeta/\omega_n$ 越小。但是，对阶跃输入的响应，随着 ζ 的减小，瞬态振荡的次数增多，超调量增大，调整时间增长。在 $\zeta=0.6 \sim 0.8$ 时，可获得较为合适的综合特性。当 $\zeta=0.7$ 时，在 $(0 \sim 0.58)$ ω_n 的频率范围中，幅频特性 $A(\omega)$ 的变化不超过 5%，同时，相频特性 $\varphi(\omega)$ 也接近于直线，因而所产生的相位失真很小。但如果输入的频率范围较宽，则由于相位失真的关系，仍会导致一定程度的波形畸变。

第四节 测试装置动态特性的测试

要使测试装置准确可靠，不仅测试装置的定度应当准确，而且应当定期校准。定度和校准就其试验内容来说，就是对测试装置本身各种特性参数进行的测试。

在进行测试装置的静态参数的测试时，通常是以经过校准的标准量作为输入，求出其输入-输出曲线。根据这条曲线，确定其定标曲线、线性度、灵敏度和回程误差等。所采用的标准量的误差应当是所要求测试结果误差的 1/5 或更小。

本节主要叙述测试装置动态特性的测试。测试方法主要包括频率响应法和阶跃响应法两种。

一、频率响应法

通过对测试装置施以稳态正弦激励的试验，可以获得测试装置的动态特性。

对测试装置施加正弦激励 $x(t)=x_0\sin\omega t$，在输出达到稳态后，测量其输出与输入的幅值比和相位差，从而可得到该装置在这一激励频率 ω 下的传输特性。逐点改变输入的激励频率，就可以得到幅频和相频特性曲线。

对于一阶装置，动态参数的测定主要是时间常数 τ 的测定，可以由幅频特性［式（3-27）］或相频特性［式（3-28）］直接确定。

对于二阶装置，动态参数的测定需要估计其固有频率 ω_n 和阻尼比 ζ。可以从相频特性曲线直接估计，在 $\omega = \omega_n$ 处，输出与输入的相位差为 $90°$，相频曲线在该点斜率直接反映了阻尼比 ζ 的大小。但一般来讲，准确的相位测试比较困难，所以，通常是通过幅频曲线来估计其动态参数的。对于欠阻尼系统（$0 < \zeta < 1$），幅频响应的峰值在稍偏离 ω_n 的 ω_r 处（图3-10），且

$$\omega_r = \omega_n \sqrt{1 - 2\zeta^2}$$

或

$$\omega_n = \frac{\omega_r}{\sqrt{1 - 2\zeta^2}} \tag{3-44}$$

$A(\omega_r)$ 和静态输出 $A(0)$ 之比为

$$\frac{A(\omega_r)}{A(0)} = \frac{1}{2\zeta \sqrt{1 - \zeta^2}} \tag{3-45}$$

由式（3-45）求得测试装置的阻尼比，进而由式（3-44）求得它的固有频率。

二阶系统的幅频特性曲线如图 3-16 所示。

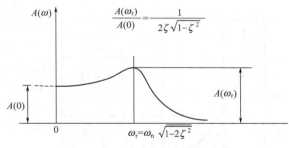

图 3-16　二阶系统幅频特性曲线

二、阶跃响应法

用阶跃响应法求取系统的特性参数，首先要了解不同系统对阶跃输入的响应情况，式（3-46）和式（3-47）分别给出了一阶系统和二阶系统对阶跃输入的响应。

$$y(t) = 1 - e^{-t/T} \tag{3-46}$$

$$y(t) = 1 - \left[\frac{e^{-\zeta \omega_n t}}{\sqrt{1 - \zeta^2}}\right] \sin(\omega_d t + \varphi) \tag{3-47}$$

其中

$$\omega_d = \omega_n \sqrt{1 - \zeta^2} ; \quad \varphi = \arctan \frac{\sqrt{1 - \zeta^2}}{\zeta}$$

1. 用阶跃响应法求取一阶装置特性参数

用阶跃响应法求取一阶装置特性参数，可通过对一阶装置施加阶跃激励，测得其响应，并取其输出值达到最终稳态值的 63% 时所经过的时间作时间常数 τ。但用这种方法求取的时间常数 τ 值，由于没有涉及响应的全过程，数值上仅仅取决于个别的瞬间值，所以测量结果并不可靠。而改用下述方法确定时间常数 τ，则可以获得可靠的结果。

由式（3-46）可知，一阶装置的阶跃响应函数为

$$y(t) = 1 - e^{-t/\tau}$$

改写后得

$$1 - y(t) = e^{-t/\tau}$$

两边取对数，得

$$-\frac{t}{\tau}=\ln[1-y(t)] \tag{3-48}$$

式（3-48）表明 $\ln[1-y(t)]$ 和 t 成线性关系。因此，可以根据测得的 $y(t)$ 值，作出 $\ln[1-y(t)]$-t 曲线，并根据其斜率值求取时间常数 τ。这样，就使一阶装置特性参数的求取考虑了瞬态响应的全过程。

2. 用阶跃响应法求取二阶装置特性参数

典型的欠阻尼二阶装置的阶跃响应函数表明，它的瞬态响应是以 $\omega_d=\omega_n\sqrt{1-\zeta^2}$ 为角频率做衰减振荡的。该角频率 ω_d 称作有阻尼固有角频率。按照求极限的通用方法，可以求得各振荡峰值所对应的时间 $t=0$，π/ω_d，$2\pi/\omega_d$，…。将 $t=\pi/\omega_d$ 代入式（3-47），通过极大值的求取，可求得最大超调量 M_p 和阻尼比 ζ 的关系式，即

$$M_p=e^{-\left(\frac{\zeta\pi}{\sqrt{1-\zeta^2}}\right)} \tag{3-49}$$

或

$$\zeta=\sqrt{\frac{1}{\left(\dfrac{\pi}{\ln M_p}\right)^2+1}} \tag{3-50}$$

因此，测得 M_p 之后，便可按式（3-49）或式（3-50）作出的 M_p-ζ 图（图 3-17）求取阻尼比 ζ。

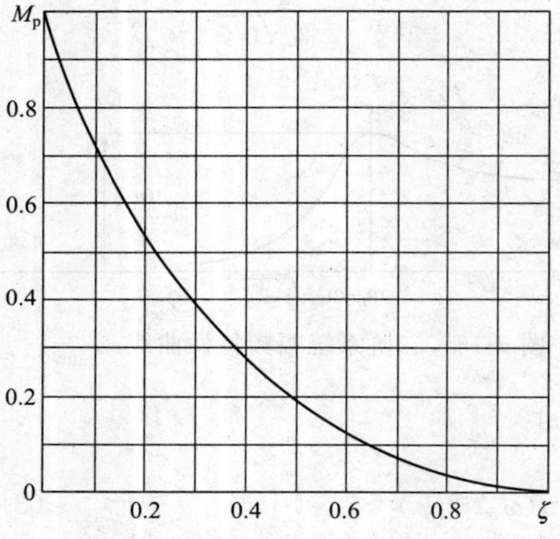

如果所测得的阶跃响应具有较长的瞬变过程，则可以利用任意两个超调量 M_i 和 M_{i+n}，来求取其阻尼比 ζ。其中，n 是该两峰值相隔的整周期数。设第 i 个峰值和第 $i+n$ 个峰值所对应的时间分别为 t_i 和 t_{i+n}，则

$$t_{i+n}=t_i+\frac{2n\pi}{\omega_n\sqrt{1-\zeta^2}}$$

代入式（3-47），可得

$$\ln\frac{M_i}{M_{i+n}}=\frac{2n\pi\zeta}{\sqrt{1-\zeta^2}}$$

整理后可得

$$\zeta=\sqrt{\frac{\delta_n^2}{\delta_n^2+4\pi^2n^2}} \tag{3-51}$$

图 3-17　欠阻尼二阶装置的 M_p-ζ 关系图

其中

$$\delta_n=\ln\frac{M_i}{M_{i+n}}$$

如果考虑到在 $\zeta<0.3$ 时，以 1 替代 $\sqrt{1-\zeta^2}$ 进行近似计算，而不会产生过大的误差，则式（3-51）可简化为

$$\zeta\approx\frac{\ln\dfrac{M_i}{M_{i+n}}}{2n\pi}$$

应该指出，由上面的推导可以看出：对于精确的二阶装置，取任意正整数 n 所得的 ζ 值是不变的。因此，如果取不同 n 值所求得的 ζ 值存在较大差异，则表明该装置不是线性二阶装置或不能简化为线性二阶装置。

第五节　测试装置的负载效应和适配

前面讨论了测试装置的静态特性和动态特性，并就简单的典型输入讨论了测试装置的响应。而在实际测试中，测试系统往往是相当复杂的，因此必须考虑测试装置之间的匹配问题。

一、负载效应

一个测试系统常常由多个测试装置组合而成，而每个测试装置又常常由许多环节组成。例如，一个动态应变测量系统，可分解为传感器、测量电桥、放大器、相敏检波器、低通滤波器以及光线示波器等多个环节，如图 3-18 所示。正确地组合这些环节，使整个系统的动态特性符合测试工作的要求十分重要。

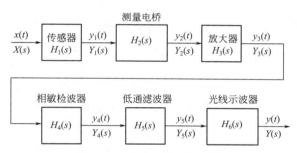

图 3-18　动态应变测量系统

两个装置相接并发生能量交换时，会存在两种现象：装置的连接处甚至整个装置的状态和输出都将发生变化；两个装置共同形成一个新的整体，该整体虽然保留其两组成装置的某些主要特征，但其传递函数已不能用式（3-13）和式（3-14）来表达。后一级装置对前一级来说就成了负载，即前一级的输出为后一级的输入。一般情况下，后一级对前一级可能产生影响，这一影响称为负载效应。如果这一影响超过了一定的限度，测试系统就不能有效地进行工作。

测试装置的合理组合问题十分复杂，理论上还处于研究阶段。要在相当宽的频率范围内实现高频和低频都能匹配，从而实现不失真测试，这一问题本身就不容易。总之，在测试工作中，应当建立系统整体概念，充分考虑各种装置、环节连接时可能产生的影响。通常，都是努力使后一级装置对前一级装置无影响或影响很小，不因它们之间的匹配问题影响测量的精度。例如，一般情况下要求图 3-18 中放大器的输入阻抗很高而输出阻抗很低。这样，放大器的输入影响输出，而输出不影响输入；放大器的输入不影响前一级测量电桥的输出，而后一级相敏检波器的输入也不影响放大器的输出。装置或环节的这一特性称为单向性。通常，为保证测试装置的合理组合，以装置或环节的单向性为前提。

二、测试装置与被测信号的适配

为了保证不失真测试条件，还要求测试装置或系统与被测信号适配。为此，要对测试装置和被测信号两个方面进行考察。

一方面要考察信号的幅值范围、频率成分的丰富程度（波形变化剧烈程度）、允许失真程度（保真度）等。另一方面还要考察测试装置的灵敏度、线性度、量程、频率特性等。此外，还要注意灵敏度、频率特性等在各个环节上的分配，一个环节一个环节地去适配，最后实现总的适配。

考察了上述两个方面，就可以对测试装置与被测信号是否适配以保证不失真测试条件进行判断。

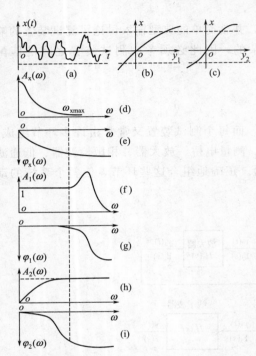

例如，在图 3-19（a）为时域信号 $x(t)$，图 3-19（d）和图 3-19（e）分别为 $x(t)$ 的幅值谱以及相位谱；图 3-19（b）和图 3-19（c）分别为测试装置 1 和测试装置 2 的定度曲线（静态）；图3-19（f）、图 3-19（g）和图 3-19（h）、图 3-19（i）分别为测试装置 1 和测试装置 2 的频率特性。由静态特性来看，在信号 $x(t)$ 的幅值变化范围内，显然测试装置 1 的灵敏度高，而测试装置 2 的线性度好，似乎装置 2 更符合不失真测试条件。但是，由两个测试装置的频率特性可见，在信号应保真的频带 $0 \sim \omega_{xmax}$ 范围内，$A_2(\omega)$ 不仅不等于常值，而且变化很大，$\varphi_2(\omega)$ 也找不到一个合适的线性段。而在同一频带内，$A_1(\omega)$

图 3-19   测试装置与被测信号适配举例

为常值，综合静态特性和动态特性的利弊，可以选择装置 1 与信号 $x(t)$ 适配。而测试装置 2 的静态特性再好，也会引起严重失真。

当然，图 3-19 只是为了举例说明适配问题。实际上，测试以前只能对信号进行粗略的估计和了解，不可能如上例一样知道准确的波形。测试工作开始时，要慢慢地调试，既要避免过载和超出线性范围，又要注意满足不失真测试条件所对应的频率特性。

测试装置的灵敏度、线性度和频率特性都可在产品说明书中查到。实际工作中，常常需要定期复检测试装置本身的定度曲线和频率响应曲线，以保证测试结果的可靠性。

习 题

3-1   为什么希望测试装置是线性系统？

3-2   测试装置的静态特性指标主要有哪些？各自的含义是什么？

3-3   描述测试装置动态特性的基本方法有哪三种？各自的含义是什么？

3-4 进行某次动态压力测量时，所采用的压电式力传感器的灵敏度为 90.9nC/MPa，将它与增益为 0.005V/nC 的电荷放大器相连，而电荷放大器的输出接到一台笔式记录仪上，记录仪的灵敏度为 20mm/V。试计算这个测试系统的总灵敏度。又当压力变化为 3.5MPa 时，记录笔在记录纸上的偏移量是多少？

3-5 一气象气球携带一种时间常数为 15s 的一阶温度计，以 5m/s 的速度通过大气层。设温度随所处的高度按每升高 30m 下降 0.15℃的规律变化，气球将温度和高度的数据用无线电返回地面。在 3000m 处所记录的温度为 −1℃。试问实际出现 −1℃时的真实高度是多少？

3-6 求周期信号 $x(t) = 0.5\cos 10t + 0.2\cos(100t - 45°)$ 通过传递函数为 $H(s) = \dfrac{1}{0.005s + 1}$ 的装置后所得到的稳态响应。

3-7 用一个时间常数为 0.35s 的一阶装置去测试周期分别为 1s、2s 和 5s 的正弦信号，问幅值误差是多少？

3-8 试求传递函数分别为 $\dfrac{1.5}{3.5s + 0.5}$ 和 $\dfrac{41\omega_n^2}{s^2 + 1.4\omega_n s + \omega_n^2}$ 的两个环节串联以后组成的系统的总灵敏度。

3-9 想用一个一阶装置进行 100Hz 正弦信号的测试，如果要求限制振幅误差在 5％以内，则该一阶装置的时间常数应取多少？若用具有该时间常数的同一系统测试 50Hz 的正弦信号，问此时的振幅误差和相角误差分别是多少？

3-10 已知一个力传感器可作为二阶系统处理，其固有频率为 800Hz，阻尼比 $\zeta = 0.4$，若使用该传感器进行频率为 400Hz 的正弦变化的外力测试时，其振幅比 $A(\omega)$ 和相位差 $\varphi(\omega)$ 各为多少？若传感器的固有频率改为 1000Hz，阻尼比改为 $\zeta = 0.7$，则 $A(\omega)$ 和 $\varphi(\omega)$ 将有何种变化？

第四章

常用传感器

第一节 概 述

现代测试技术通常是用传感器把被测物理量转换成容易检测、传输和处理的电信号，然后由测试装置的其他部分进行处理。

一、传感器的作用及分类

传感器的作用类似于人的感觉器官，也可以认为传感器是人类感官的延伸。

传感器一般由敏感元件和其他辅助元件组成。敏感元件直接感受被测量并将其转换成另一种信号，是传感器的核心。传感器处于测试装置的输入端，其性能直接影响整个测试装置的可靠性和测试结果的正确性。

传感器技术是测试技术的重要分支，受到普遍重视，并且已经在工业生产以及科学技术各领域中发挥并将继续发挥重要作用。随着科学技术的发展，传感器正在向高度集成化、智能化方向迅速发展。

传感器种类繁多。一种物理量往往可以用多种类型的传感器检测；而有的传感器可以测量多种物理量。传感器分类方法也很多，且目前尚无统一规定。按被测物理量分类，可分为力传感器、位移传感器、温度传感器等；按工作的物理原理分类，可分为机械式、电气式、光学式、流体式等；按信号变换特征可分为物性型与结构型；按能量关系可分为能量转换型和能量控制型等。

结构型传感器是依靠其结构参数的变化实现信号转换的。例如，电容式传感器将其极板间距离的变化转换为电容量的变化；电感式传感器是基于位移引起自感或互感变化等。

物性型传感器不改变其结构参数而是靠其敏感元件物理性能的变化实现信号转换。例如，压电式力传感器通过石英晶体的压电效应把力转换成电荷。

能量转换型传感器并不具备能源，而是靠从被测对象输入能量使其工作，如热电偶温度计将被测对象的热能转换成电能。被测对象与传感器之间的能量传输，必然改变被测对象的状态，造成测量误差。

能量控制型传感器自备能源，被测物理量仅控制能源所提供能量的变化。例如，电阻应变片接入电桥测量应变时，被测量以应变片电阻的变化控制电桥的失衡程度，从而完成信号的转换。

表 4-1 列出了部分常用传感器的名称、工作原理及应用等概况。

表 4-1 常用传感器

类型	名称	变换量	被测量	应用举例	性能指标（一般参考）
机械式	测力环	力-位移	力	三等标准测力仪	测量范围 $10 \sim 10^5$ N 示值误差 $\pm(0.3 \sim 0.5)\%$
	弹簧	力-位移	力	弹簧秤	
	波纹管	压力-位移	压力	压力表	测量范围 500Pa $\sim$ 0.5MPa
	波登管	压力-位移	压力	压力表	测量范围 0.5Pa $\sim$ 300MPa
	波纹膜片	压力-位移	压力	压力表	测量范围小于 500Pa
	双金属片	温度-位移	温度	温度计	测量范围 $0 \sim 300\,^\circ\!\text{C}$
	微型开关	力-位移	物体尺寸、位置、有无		位置精密度可达微米
电磁及电子式	电位计	位移-电阻	位移	直线电位计	分辨率 0.025 $\sim$ 0.05mm 直线性 0.05% $\sim$ 0.1%
	电阻丝应变片	形变-电阻	力、位移、应变	应变仪	最小应变 $1 \sim 2\mu\varepsilon$ 最小测力 0.1 $\sim$ 1N
	半导体应变片	形变-电阻	力、加速度	应变仪	
	电容	位移-电容	位移、力、声	电容测微仪	分辨率 0.025 μm
	电涡流	位移-自感	位移、厚厚	涡流式测振仪	测量范围 $0 \sim 15$mm 分辨率 1μm
	电感	位移-互感	位移、力	电感测微仪	分辨率 0.5 μm
	差动变压器	位移-互感	位移、力	电感比较仪 测力计	分辨率 0.5 μm 分辨率 0.01N
	压电元件	力-电荷	力、加速度	加速度计	频率 0.1Hz $\sim$ 20kHz $10^{-2} \sim 10^5$ m/s^2
	压磁元件	力-磁导率	力、扭矩	测力计	
	热电偶	温度-电势	温度	热电温度计（铂锗-铂）	测量范围 $0 \sim 1600\,^\circ\!\text{C}$
	霍尔元件	位移-电势	位移	位移传感器	测量范围 $0 \sim 2$mm 直线性 1%
	热敏电阻	温度-电阻	温度	半导体温度计	测量范围 $-10 \sim 300\,^\circ\!\text{C}$
	气敏电阻	气体-温度	可燃气体	气敏检测仪	
	光敏电阻	光-电阻	开关量		
	光电池	光-电压		硒光电池	灵敏度 500μA/m
	光敏晶体管	光-电流	转速、位移	光电转速仪	最大截止频率 50kHz
辐射式	红外	热-电	温度、物体有无	红外测温仪	测量范围 $-10 \sim 1300\,^\circ\!\text{C}$ 分辨率 0.1$\,^\circ\!\text{C}$
	X 射线	散射、干涉	厚度、探伤、应力	X 射线应力仪	
	γ 射线	对物质穿透	厚度、探伤	γ 射线测厚仪	
	激光	光波干涉	长度、位移转角	激光测长仪	测距 2m 分辨率 0.2μm
	超声	超声波反射、穿透	厚度、探伤	超声波测厚仪	测量范围 $4 \sim 40$mm 测量精密度 ±0.25mm
	β 射线	穿透	厚度、成分分析		

类型	名称	变换量	被测量	应用举例	性能指标（一般参考）
流体式	气动	尺寸-压力 间隙-压力	尺寸、物体大小 距离	气动量仪 气动量仪	可测最小直径 0.05～0.076mm 测量间隙 6mm 分辨率 0.025mm
	液体	压力平衡 液体静压变化 液体阻力变化	压力 流量 流量	活塞压力计 节流式压力计 转子式压力计	测量精密度 0.02%～0.2%

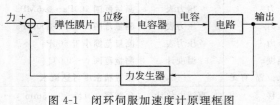

图 4-1　闭环伺服加速度计原理框图

需要指出，在不同情况下，传感器可能是一个很小的敏感元件，如应变片、霍尔元件等；也可能是一个小型装置，如电容式伺服加速度计，也称力反馈式加速度计，这是一种性能优良的加速度传感器，体积不大，但实际上是一个小型闭环测试系统，如图 4-1 所示。

二、传感器的发展趋势

近年来，由于半导体技术的迅速发展，大规模集成电路的不断涌现以及各种功能的材料和制造工艺的日新月异，使大量新型传感器不断出现，主要有以下几个发展趋向。

1. 集成化和多功能化趋向

传感器正随着半导体微电子技术的发展而以单个元件向多个元件和多种电路集成在一个芯片上的方向发展，如集成压力传感器、集成磁敏传感器等。由于集成度的提高，出现了具有多种参数检测功能的传感器，如多功能气体检测传感器、温湿度传感器等，这就是多功能化的发展趋向。

2. 智能化趋向

智能传感器是一种带有微处理器的传感器，它将信号检测、信号处理和信号驱动等功能电路全部集成到一块基片上，并且使它具有诊断、自动调整量程、处理数据和信息远距离通信等功能，这样的智能化传感器将成为传感器发展的方向。

3. 图像化趋向

近代科学技术的发展，要求传感器不仅仅局限于可对一个点的物理量进行测量，而是能够进行一维、二维以至三维空间的测量，感受的是"像"的信息。例如红外遥感技术，它能敏感热像图。要求传感器由单件向组合阵列发展。

第二节　机械式传感器

机械式传感器是一种将被测物理量转换为弹性体的弹性变形（或应变）的传感器，这种变形可进一步转变成其他形式的变量。例如被测量可放大而成为仪表指针的偏转，借助刻度指示出被测量的大小。机械式传感器应用广泛，可以测量力、压力、温度等物理量，如图 4-2 所示。

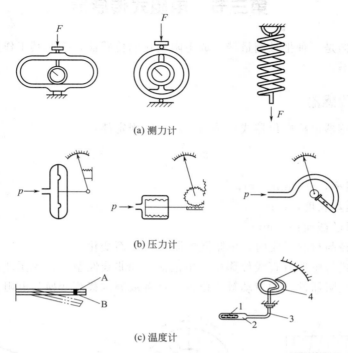

(a) 测力计

(b) 压力计

(c) 温度计

图 4-2 典型机械式传感器
1—酒精；2—感温筒；3—毛细管；4—波登管；A，B—双金属片

机械式传感器做成的机械式指示仪表具有结构简单、可靠、使用方便、价格低廉、读数直观等优点。但弹性变形不宜大，以减小线性误差。此外，由于放大和指示环节多为机械传动，不仅受间隙影响，而且惯性大，固有频率低，只适于检测缓变或静态被测量。

为了提高测量的频率范围，可先用弹性元件将被测量转换成位移量，然后用其他形式的传感器（如电阻式、电容式、电涡流式等）将位移量转换成电信号输出。

弹性元件具有蠕变、弹性后效等现象。材料的蠕变与承载时间、载荷大小、环境温度等因素有关；而弹性后效则与材料应力-松弛和内阻尼等因素有关。这些现象都会影响输出与输入的线性关系。因此，应用弹性元件时，应从设计、材料选择和处理工艺等方面采取有效措施来改善上述现象对测试工作的影响。

在自动检测、自动控制技术中广泛应用的微型探测开关也被视为机械式传感器。这种开关能把物体的运动、位置或尺寸变化，转换为接通、断开信号。图 4-3 所示为这种开关中的一种。它由两个簧片组成，在常态下处于断开状态。当它与磁性块接近时，簧片被磁化而接合，成为接

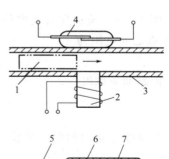

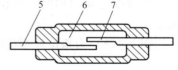

图 4-3 微型探测开关
1—工件；2—电磁铁；3—导槽；
4—簧片开关；5—电极；
6—惰性气体；7—簧片

通状态。只有当钢制工件通过簧片和电磁铁之间时，簧片才会被磁化而接合，从而表示一个工件通过。这类开关，可用于探测物体有无、位置、尺寸、运动状态等。

第三节　电阻式传感器

电阻式传感器是一种把被测量转换成电阻变化的传感器，按照其工作原理分为变阻器式和电阻应变式两类。

一、变阻器式传感器

变阻器式传感器也称电位器式传感器。根据欧姆定律：

$$R = \rho \frac{l}{A} \ (\Omega) \tag{4-1}$$

式中　ρ——电阻率，$\Omega \cdot mm^2/m$；

　　　l——电阻丝长度，m；

　　　A——电阻丝截面积，mm^2。

当电阻丝直径与材料一定时，电阻随电阻丝长度而变化。

常用变阻器式传感器有直线位移型、角位移型和非线性型等。由图 4-4 可知，变阻器式传感器为一三端电阻器件，调节动触点位置，可将被测位移等变换为电阻变化。

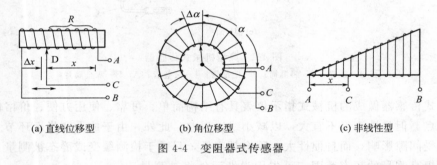

(a) 直线位移型　　　　　(b) 角位移型　　　　　(c) 非线性型

图 4-4　变阻器式传感器

图 4-4(a) 所示为直线位移型变阻器式传感器，被测位移使触点 D 沿变阻器移动，C 点与 A 点之间电阻为

$$R = k_x x$$

传感器灵敏度

$$S = \frac{dR}{dx} = k_x \tag{4-2}$$

当导线分布均匀时，单位位移时的电阻值 k_x 为一常数，传感器的输出与输入成线性关系。

图 4-4(b) 为角位移型变阻器式传感器，其电阻值随转角变化。其灵敏度为

$$S = \frac{dR}{d\alpha} = k_\alpha \tag{4-3}$$

式中　α——转角，rad；

　　　k_α——单位弧度对应的电阻值，当导线分布均匀时，k_α 为常数。

图 4-4(c) 是一种非线性型变阻器式传感器。当被测量与变阻器触点位移 x 成某种函数关系时，若要获得与被测量成线性关系的输出，则要应用这种非线性型的变阻器式传感器。这种传感器的骨架形状需根据所要求的输出函数确定。例如，被测量 $f(x) = kx^2$，为要使

输出电阻 $R(x)$ 与 $f(x)$ 为线性关系，则变阻器骨架做成直角三角形；而如 $f(x)=kx^3$，则应采用抛物线形的骨架。

考虑负载效应后，传感器的输出电压可按图 4-5 所示电阻分压关系确定，即

$$e_o = \frac{e_i}{\dfrac{x_p}{x} + \left(\dfrac{R_p}{R_L}\right)\left(1 - \dfrac{x}{x_p}\right)}$$ (4-4)

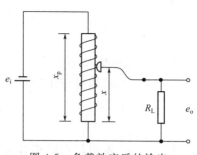

式中　R_p——变阻器总电阻；

　　　x_p——变阻器总长度；

　　　R_L——负载电阻，应使 $R_L \gg R_p$。

变阻器式传感器结构简单，性能稳定，使用方便。但因受电阻丝直径的限制，分辨率很难优于 $20\mu m$。触点和电阻丝接触表面磨损、尘埃附着等原因，将使触点

图 4-5　负载效应后的输出

移动中的接触电阻发生不规则的变化，产生噪声。而用导电塑料制成的变阻器，性能得到了显著改善，多用于数控系统中。

二、电阻应变式传感器

电阻应变式传感器分为金属电阻应变片式和半导体应变片式。

1. 金属电阻应变片

金属电阻应变片有丝式和箔式两种。其工作原理都是基于在发生机械变形时，电阻值发生变化。图 4-6 为几种应用最广的丝式和箔式金属电阻应变片。

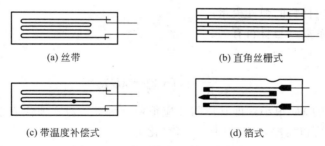

(a) 丝带　　　　　　　　　(b) 直角丝栅式

(c) 带温度补偿式　　　　　(d) 箔式

图 4-6　丝式和箔式金属电阻应变片

如图 4-7 所示，金属丝式应变片是由高电阻率电阻丝（直径约为 $0.025mm$）制成的敏感栅，粘贴在绝缘的基片与覆盖层之间而构成的，并由引出线导出。

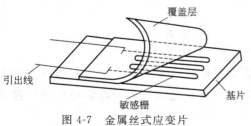

图 4-7　金属丝式应变片

金属箔式应变片的箔栅采用光刻技术，以大批量生产方式制造。其线条均匀，尺寸准确，阻值一致性好。箔栅的粘贴性能、散热性能均优于丝栅，允许通过较大电流。因此，目前大多使用金属箔式应变片。

当敏感栅在工作中产生变形时，其电阻值发生相应变化，即

$$R = \frac{\rho l}{A}$$

敏感栅变形，则电阻丝（或箔栅线条）的长度 l、截面积 A 和电阻率 ρ 发生变化。当每一可变因素分别有一增量 $\mathrm{d}l$、$\mathrm{d}A$ 和 $\mathrm{d}\rho$ 时，所引起的电阻增量为

$$\mathrm{d}R = \frac{\partial R}{\partial l}\mathrm{d}l + \frac{\partial R}{\partial A}\mathrm{d}A + \frac{\partial R}{\partial \rho}\mathrm{d}\rho \tag{4-5}$$

其中

$$A = \pi r^2$$

式中　r——电阻丝半径。

所以，电阻相对变化为

$$\frac{\mathrm{d}R}{R} = \frac{\mathrm{d}l}{l} - 2\frac{\mathrm{d}r}{r} + \frac{\mathrm{d}\rho}{\rho} \tag{4-6}$$

式中　$\dfrac{\mathrm{d}l}{l}$——电阻丝轴向相对变形，或称纵向应变，$\dfrac{\mathrm{d}l}{l} = \varepsilon$；

$\dfrac{\mathrm{d}r}{r}$——电阻丝径向相对变形，或称横向应变；

$\dfrac{\mathrm{d}\rho}{\rho}$——电阻率相对变化，与电阻丝轴向所受正应力 σ 有关。

当电阻丝沿轴向伸长时，必沿径向缩小，两者之间的关系为

$$\frac{\mathrm{d}r}{r} = -\mu\frac{\mathrm{d}l}{l} \tag{4-7}$$

式中　μ——电阻丝材料的泊松比。

$$\frac{\mathrm{d}\rho}{\rho} = \lambda\sigma = \lambda E\varepsilon \tag{4-8}$$

式中　E——电阻丝材料的弹性模量；

λ——压阻系数，与材料有关。

因此，式（4-6）可写为

$$\frac{\mathrm{d}R}{R} = (1 + 2\mu + \lambda E)\varepsilon \tag{4-9}$$

金属电阻材料的 λE 很小，即其压阻效应很弱。因此，$\lambda E\varepsilon$ 项代表电阻率随应变的改变所引起的电阻变化可以忽略，则式（4-9）可简化为

$$\frac{\mathrm{d}R}{R} \approx (1 + 2\mu)\varepsilon \tag{4-10}$$

式（4-10）表明，应变片电阻相对变化与应变成正比，其灵敏度

$$S = \frac{\mathrm{d}R/R}{\mathrm{d}l/l} \approx 1 + 2\mu \tag{4-11}$$

用于制造电阻应变片的电阻材料的应变系数（或称灵敏度系数）K_0 多在 $1.7 \sim 3.6$ 之间。金属电阻应变片的灵敏度 $S \approx K_0$。

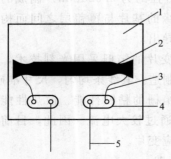

图 4-8　半导体应变片

1—胶膜基片；2—半导体敏感元件；
3—内引线；4—焊盘；5—外引线

2. 半导体应变片

图 4-8 所示为半导体应变片。其工作原理是基于半导体材料的压阻效应，即受力变形时电阻率 ρ 发生变化。

单晶半导体受力变形时，原子点阵排列规律发生变化，导致载流子浓度和迁移率改变，引起其电阻率变化。

式（4-9）中 $(1+2\mu)\varepsilon$ 项是几何尺寸变化引起的；$\lambda E\varepsilon$ 项是由于电阻率变化引起的。对半导体材料而言，后者远远大于前者。因此，可把式（4-9）简化为

$$\frac{\mathrm{d}R}{R}\approx\lambda E\varepsilon \tag{4-12}$$

半导体应变片的灵敏度

$$S=\frac{\mathrm{d}R/R}{\varepsilon}\approx\lambda E \tag{4-13}$$

其数值一般比金属电阻应变片的灵敏度值大 50～70 倍。

半导体应变片的特点是灵敏度高、机械滞后和横向效应小、测量范围大、频响范围宽。其最大缺点是温度稳定性差、灵敏度分散性较大以及在较大应变作用下非线性误差大等。

3. 应用

近年来，已研制出的集成应变组件在传感器小型化和特性改善方面有了很大进展。

电阻应变片的直接应用和电阻应变式传感器分别示于图 4-9 和图 4-10。

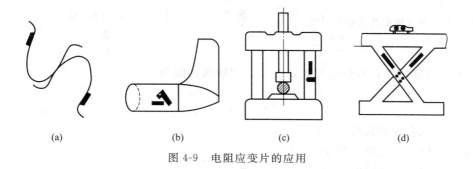

|　(a)　|　(b)　|　(c)　|　(d)　|

图 4-9　电阻应变片的应用

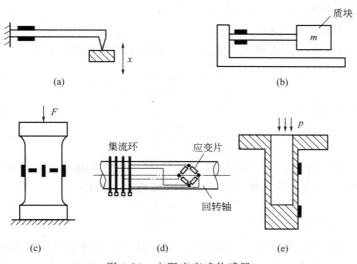

图 4-10　电阻应变式传感器

第四节　电感式传感器

电感式传感器以电磁感应为基础，把被测量转换为电感量变化。常分为可变磁阻式、涡流式和差动变压器式等类型。

一、可变磁阻式传感器

如图 4-11 所示，可变磁阻式传感器由线圈、铁芯和衔铁组成，铁芯与衔铁之间有空气隙 δ。当线圈中通以电流 i 时，由此产生磁通 Φ_m，其大小与电流成正比，即

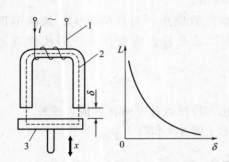

图 4-11　可变磁阻式传感器原理
1—线圈；2—铁芯；3—衔铁

$$W\Phi_m = Li \tag{4-14}$$

式中　W——线圈匝数；
　　　L——线圈自感，H。

根据磁路欧姆定律：

$$\Phi_m = \frac{Wi}{R_m} \tag{4-15}$$

式中　Wi——磁动势，A；
　　　R_m——磁阻，H^{-1}。

将式（4-15）代入式（4-14），得

$$L = \frac{W^2}{R_m} \tag{4-16}$$

若不计磁路损耗，且令空气隙 δ 很小，则磁路磁阻为

$$R_m = \frac{l}{\mu A} + \frac{2\delta}{\mu_0 A_0} \tag{4-17}$$

式中　l——铁芯导磁长度，m；

　　　μ——铁芯磁导率，H/m；

　　　A——铁芯导磁截面积，m^2；

　　　δ——空气隙长度，m；

　　　μ_0——空气隙磁导率，$\mu_0 = 4\pi \times 10^{-7}$ H/m；

　　　A_0——空气隙导磁截面积，m^2。

与空气隙磁阻相比，铁芯磁阻一般很小，计算时可以忽略，于是

$$R_m \approx \frac{2\delta}{\mu_0 A_0} \tag{4-18}$$

代入式（4-16），得

$$L = \frac{W^2 \mu_0 A_0}{2\delta} \tag{4-19}$$

式（4-19）表明，自感 L 与气隙长度 δ 成反比，而与气隙导磁截面积 A_0 成正比。当固定 A_0，改变 δ 时，L 与 δ 呈非线性关系。此时传感器灵敏度为

$$S = -\frac{W^2 \mu_0 A_0}{2\delta^2} \tag{4-20}$$

灵敏度 S 与气隙长度的平方 δ^2 成反比，且 δ 越小，传感器灵敏度越高。但灵敏度 S 不是常数，传感器的非线性严重。为减小非线性误差，通常应规定在较小的气隙变化范围内工

作。设气隙变化范围为 $(\delta_0, \delta_0+\Delta\delta)$，则灵敏度为

$$S = -\frac{W^2\mu_0 A_0}{2(\delta_0+\Delta\delta)^2} \approx -\frac{W^2\mu_0 A_0}{2\delta_0^2}\left(1-2\frac{\Delta\delta}{\delta_0}\right)$$

当 $\Delta\delta \ll \delta_0$ 时，$\left(1-2\dfrac{\Delta\delta}{\delta_0}\right) \approx 1$，则

$$S \approx -\frac{W^2\mu_0 A_0}{2\delta_0^2}$$

即灵敏度 S 趋于定值，传感器的输出与输入近似呈线性关系。在实际应用中，常取 $\Delta\delta/\delta_0 \leqslant 0.1$，这种变气隙型传感器适用于小位移测量。

图 4-12 给出了几种可变磁阻式传感器结构。

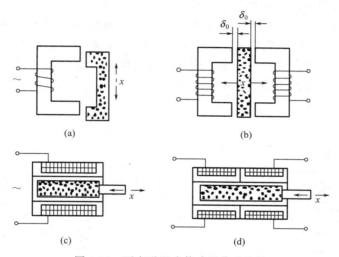

图 4-12　可变磁阻式传感器典型结构

图 4-12(a) 是可变磁阻型传感器，其自感 L 与气隙导磁截面积 A_0 为线性关系。这种结构形式的传感器灵敏度比变气隙型的低。

图 4-12(b) 是差动变气隙型传感器。衔铁位移可以使两个磁路的气隙按 $\delta_0+\Delta\delta$、$\delta_0-\Delta\delta$ 变化，从而使一个线圈的自感增加，另一个线圈的自感减小。将两个线圈接于电桥的相邻桥臂时，其灵敏度可提高一倍，并使其线性区扩大。

图 4-12(c) 是单螺管线圈型。当铁芯在线圈内运动时，将改变磁阻，从而使线圈自感产生相应变化。其特点是结构简单，适于较大位移的测量，但灵敏度低。

图 4-12(d) 是双螺管线圈差动型，与单螺管线圈型相比，灵敏度高，线性区更大。

二、涡流式传感器

涡流式传感器有高频反射式和低频透射式两种类型。高频反射式应用较为广泛，这里主要介绍高频反射式涡流传感器（简称涡流传感器）的工作原理和特点。

图 4-13 所示为涡流传感器的两种典型结构：图 4-13(a) 中线圈 1 直线绕在框架 2 的槽内；图 4-13(b) 所示结构则是把单独绕制的线圈粘在框架上。

由图 4-13 可知，涡流传感器实际上是一个固定在框架内的扁平线圈。其工作原理是基于金属导体在交流磁场中的涡电流效应。

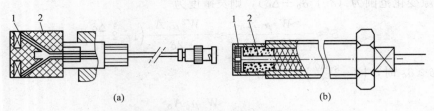

图 4-13 两种高频反射式涡流传感器的结构

1—线圈；2—框架

涡流传感器的线圈通入高频电流 i 时，便产生一高频交变磁场，磁通为 Φ，如图 4-14 所示。磁通 Φ 在距线圈端面间距为 δ 的金属板表层产生感应电流。这种电流在金属板内是闭合的涡电流，或称为涡流。涡流 i_1 的磁通为 Φ_1。根据楞次定律，涡流磁场与电流 i 产生的磁场变化方向相反。涡流磁场的作用使线圈自感 L 或线圈阻抗 Z 发生变化，其变化程度取决于线圈与金属板之间的距离 δ、金属板的电阻率 ρ、磁导率 μ 以及激励电流 i 的频率等。当改变其中某一因素时，可达到一定的变换目的。例如，改变 δ，可用于位移、振动测量；当 ρ 或 μ 值改变时，可作为材质鉴别或探伤等。

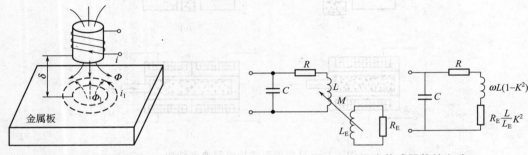

图 4-14 涡流式传感器原理   图 4-15 涡流传感器等效电路

涡流对传感器线圈的反作用可用图 4-15 的等效电路进一步说明。L 为传感器线圈的自感；C 为线圈并联电容及分布电容的等效并联电容；R 为线圈的损耗电阻；R_E 为金属板上的涡流损耗电阻；L_E 为金属板对涡流的等效自感；互感 M 为 L_E 与 L 之间相互作用的程度。

基于变压器原理，传感器线圈可视为变压器的原边，金属板中的涡流回路可视为变压器的副边。根据克希荷夫定律，可写出其电压平衡方程式为

$$\begin{cases} (R+j\omega L)i - j\omega M i_1 = u \\ (R_E + j\omega L_E)i_1 - j\omega M i = 0 \end{cases} \tag{4-21}$$

由式（4-21）可得

$$i_1 = i\,\frac{j\omega M}{R_E + j\omega L_E} \tag{4-22}$$

则

$$(R+j\omega L)i + \frac{\omega^2 M^2}{R_E + j\omega L_E}i = u \tag{4-23}$$

线圈等效阻抗 $Z_L = u/i$，故有

$$Z_L = \frac{u}{i} = \left(R + R_E\frac{\omega^2 M^2}{R_E^2 + \omega^2 L_E^2}\right) + j\omega\left(L - L_E\frac{\omega^2 M^2}{R_E^2 + \omega^2 L_E^2}\right) \tag{4-24}$$

为了方便，令

$$K^2 = \frac{\omega^2 M^2 L_E}{(R_E^2 + \omega^2 L_E^2) L}$$ (4-25)

代入式(4-24)，得

$$Z_L = R + R_E \frac{L}{L_E} K^2 + j\omega L(1 - K^2)$$ (4-26)

互感 M 是 δ 的函数，$M = f(1/\delta)$。由此可知，当各影响因素固定，仅距离 δ 减小时，Z_L 的实部增大，其虚部减小，即其自感改变。由于 R_E 很小，且在高频下 $R_E \ll \omega L_E$，因而，可认为 Z_L 变化主要取决于其虚部。分析表明，当金属板材料和激励电流频率一定时，阻抗 Z_L 将是距离 δ 的单值函数，即 $Z_L = f(\delta)$。通过适当的中间变换器，可达到把位移转换成电量的目的。

涡流传感器的测量电路有分压式调幅电路和调频电路。图 4-16 为涡流式测振仪用的分压式调幅电路原理。

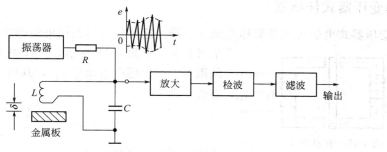

图 4-16 分压式调幅电路原理

涡流传感器线圈 L 与其并联电容 C 构成的并联谐振网络和高频振荡器及其分压电阻 R 组成调幅电路。当 LC 并联谐振频率与振荡器振荡频率相等时，输出电压 e 最大。测量时，传感器线圈阻抗随 δ 而改变，LC 回路失谐，输出信号 $e(t)$ 虽然仍然为与振荡器振荡频率相同的信号，但幅值随 δ 而变化，成为调幅波。金属板材料不同时，谐振曲线移位，如图 4-17(a) 所示。传感器与金属板的间距 δ 与输出电压的关系曲线中段近似直线，因此传感器安装时应通过调整初始间距，使其在特性曲线的线性段内工作，如图 4-17(b) 所示。

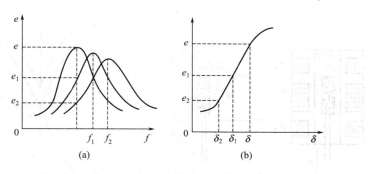

图 4-17 分压式调幅电路的谐振曲线与输出特性

涡流式传感器结构简单、使用方便，有不受油污等介质影响等许多优点，故应用广泛。图 4-18 所示为涡流式传感器的应用举例。

图 4-18（a）为回转轴振动测量；图 4-18（b）为回转轴误差运动的测试；图 4-18（c）为转速测量；图 4-18（d）为金属材料厚度测量；图 4-18（e）零件计数；图 4-18（f）探伤。

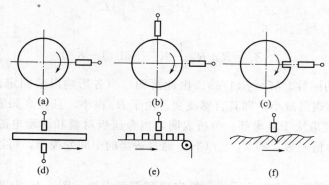

图 4-18　涡流式传感器的应用

三、差动变压器式传感器

差动变压器式电感传感器简称差动变压器。这种传感器利用电磁感应中的互感现象进行信号转换。如图 4-19 所示，当线圈 W_1 输入电流 i_1 时，线圈 W_2 产生感应电动势 e_{12}，其值与电流 i_1 的变化率有关，即

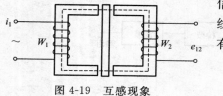

图 4-19　互感现象

$$e_{12} = -M \frac{\mathrm{d}i_1}{\mathrm{d}t} \qquad (4-27)$$

式中　M——互感，H。

M 的数值与两线圈相对位置及周围介质的导磁能力等有关，它表示两线圈之间的耦合程度。

差动变压器就是利用这一原理，将被测位移转换成线圈互感的变化。实际应用的传感器多为螺管形差动变压器，其结构与工作原理如图 4-20 所示。由初级线圈 W 和两个参数相同的次级线圈 W_1 和 W_2 组成，其线圈 W_1 和 W_2 反极性串联，线圈中心插入动铁芯。当初级线圈 W 加上交流电压时，次级分别产生感应电势 e_1 和 e_2，其大小与铁芯位置有关。当铁芯在中心位置时，$e_1 = e_2$，输出电压 $e_o = 0$；铁芯向上运动，$e_1 > e_2$；向下运动，则 $e_1 < e_2$。铁芯偏离中心位置，e_o 逐渐增大，其输出特性如图 4-20（c）所示。

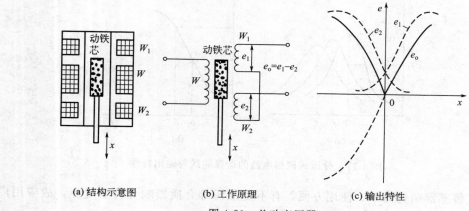

(a) 结构示意图　　　　(b) 工作原理　　　　(c) 输出特性

图 4-20　差动变压器

差动变压器的输出电压是交流量，其幅值与铁芯位移成正比。用交流电压表，即通过整流的方法测得输出电压幅值，只反映铁芯位移的大小，不能反映移动方向。其次，由于两个次级线圈的不一致性、初级线圈损耗电阻、铁磁材料性质不均匀等因素，导致传感器仍存在零点残余电压，即铁芯处于中间位置时，输出不为零。为此，需要采用既能反映铁芯移动方向，又能补偿零点残余电压的中间变换电路。

图 4-21 所示为差动相敏检波电路，可根据差动变压器输出的调幅波的相位变化判别位移的方向和大小。其中可调电阻 R 与差动直流放大器的作用是消除传感器零点残余电压。

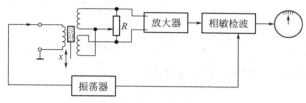

图 4-21　差动相敏检波电路

差动变压器的稳定性好，使用方便，其最大优点是线性范围大，有的可达到 300mm，被广泛应用于大位移的测量。但测量频率上限受到机械部分固有频率的限制。常用激励电压频率为 1～5kHz，传感器的测量频率上限一般约为激励频率的 1/10。

如果通过弹性元件把其他量变成位移，则这种传感器也可适用于力、流体参数等的测量。

第五节　电容式传感器

电容式传感器是一种能把被测物理量的变化转换成电容量变化的传感器。它实际上是具有一个可变参数的电容器。

由中间充满均匀介质的两个平行极板构成的平行板电容器的电容量，在忽略边缘效应的情况下，可表示为

$$C = \frac{\varepsilon_0 \varepsilon A}{\delta} \text{ (F)} \tag{4-28}$$

式中　ε——极板间介质的相对介电常数，在空气中 $\varepsilon = 1$；

ε_0——真空中介电常数，$\varepsilon_0 = 8.85 \times 10^{-12} \text{F/m}$；

δ——极板间距离，简称极距，m；

A——极板介电面积，m^2。

式(4-28)表明，当被测的量使 δ、A 或 ε 之一发生变化时，都能引起电容 C 的变化，此即电容式传感器的工作原理。

根据可变参数不同，电容式传感器可分为极距变化型、面积变化型和介质变化型三种。前两种应用较为广泛。

一、极距变化型电容传感器

根据式(4-28)，如果两极板相互覆盖面积与极间介质不变（一般为空气），则电容量 C 与极距 δ 呈如图 4-22 所示非线性关系。

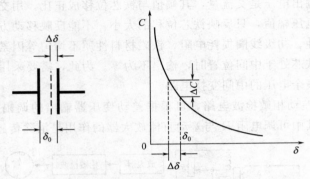

图 4-22　极距变化型电容传感器

当极距有一微小变化，则所引起电容量变化为

$$dC = -\varepsilon\varepsilon_0 A \frac{d\delta}{\delta^2} \tag{4-29}$$

由此可得到传感器的灵敏度为

$$S = \frac{dC}{d\delta} = -\frac{\varepsilon\varepsilon_0 A}{\delta^2} \tag{4-30}$$

由式（4-30）可知，灵敏度 S 不是常数，与极距平方成反比，极距越小，灵敏度越高。但非线性误差影响其实际应用。为减小这一误差，通常规定极距变化型电容传感器在极小范围内工作，以便获得近似线性关系。若极距变化范围为 $(\delta_0, \delta_0 + \Delta\delta)$，则有

$$S = -\frac{\varepsilon\varepsilon_0 A}{(\delta_0 + \Delta\delta)^2} = -\frac{\varepsilon\varepsilon_0 A}{\delta_0^2 \left(1 + \frac{\Delta\delta}{\delta_0}\right)^2} \approx -\frac{\varepsilon\varepsilon_0 A}{\delta_0^2} \tag{4-31}$$

因为在 $\Delta\delta/\delta_0 \approx 0.1$ 时，$1 + 2\Delta\delta/\delta_0 \approx 1$，经过这种线性化处理后，灵敏度 S 趋近于定值，传感器输出与输入近似成线性关系。

在实际应用中，为了提高传感器的灵敏度和线性度，削弱外界条件（如电源电压波动、环境温度变化等）对测量精确度的影响，常常采用差动式。

极距变化型电容传感器的优点是灵敏度高、动态响应快，进行非接触测量时，测量力可忽略不计。但传感器和电缆电容影响较大，需处理适当。

二、面积变化型电容传感器

改变极板相互覆盖的介电面积以改变电容量的传感器，其极距和极间介质固定不变，结构如图 4-23 所示。

1. 角位移型

图 4-23(a) 为角位移型电容传感器。当动极板 1 有一转角时，其与定极板 2 之间相互覆盖面积就会变化，从而导致电容量变化。

覆盖面积为

$$A = \frac{\alpha r^2}{2} \tag{4-32}$$

式中　α——覆盖面积对应的中心角；

　　　　r——极板半径。

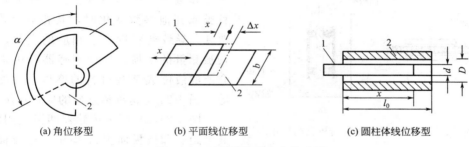

(a) 角位移型　　　　　(b) 平面线位移型　　　　　(c) 圆柱体线位移型

图 4-23　面积变化型电容传感器

1—动极板；2—定极板

传感器电容量为

$$C = \frac{\varepsilon\varepsilon_0\alpha r^2}{2\delta} \tag{4-33}$$

灵敏度为

$$S = \frac{\mathrm{d}C}{\mathrm{d}\alpha} = \frac{\varepsilon\varepsilon_0 r^2}{2\delta} = 常数 \tag{4-34}$$

传感器输出与输入为线性关系。

2. 平面线位移型

图 4-23(b) 为平面线位移型电容传感器。当动极板 1 沿 x 方向移动时，其与定极板 2 之间的覆盖面积变化，引起电容量变化。

电容量为

$$C = \frac{\varepsilon\varepsilon_0 bx}{\delta} \tag{4-35}$$

灵敏度为

$$S = \frac{\mathrm{d}C}{\mathrm{d}x} = \frac{\varepsilon\varepsilon_0 b}{\delta} = 常数 \tag{4-36}$$

图 4-23(c) 为圆柱体线位移型电容传感器，其电容量为

$$C = \frac{2\pi\varepsilon\varepsilon_0 x}{\ln(D/d)} \tag{4-37}$$

式中　D——圆筒的孔径；

　　　　d——动极板的外径。

当覆盖长度 x 变化时，电容量 C 发生变化。图中 l_0 为圆筒长度。

传感器灵敏度为

$$S = \frac{\mathrm{d}C}{\mathrm{d}x} = \frac{2\pi\varepsilon\varepsilon_0}{\ln(D/d)} = 常数 \tag{4-38}$$

面积变化型电容传感器的优点是输出与输入成线性关系，但与极距变化型相比，灵敏度低，适于进行较大直线位移及角位移测量。

三、介质变化型电容传感器

电容器两极板间介质改变时，其电容量发生变化。介质变化型电容传感器的极板固定，

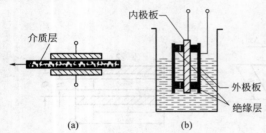

图 4-24 介质变化型电容传感器的应用

极距和覆盖面积均不改变。当极板间介质的种类或其他参数变化时，其相对介电常数 ε 改变，导致电容量发生相应的变化，从而实现被测量的转换。这种传感器可用来测量电介质的液位或某些材料的厚度、温度、湿度等。图 4-24 是这种传感器的应用示例。

图 4-24（a）所示传感器两极板固定不动，其极距 δ 和极板面积 A 固定。若极板间为空气介质时，其相应电容量 C_0 为

$$C_0 = \frac{\varepsilon_0 A}{\delta}$$

若在极板间插入相对介电常数为 ε 的介质，其厚度为 d。此时，电容量发生变化。传感器的电容与介质参数之间的关系为

$$C = \frac{A}{\dfrac{\delta-d}{\varepsilon_0}+\dfrac{d}{\varepsilon\varepsilon_0}} = \frac{\varepsilon_0 A}{\delta-d+\dfrac{d}{\varepsilon}} \qquad (4\text{-}39)$$

由式（4-39）可知，若介质厚度 d 不变，ε 的改变将使 C 改变，传感器可用于介电常数、位移等量的测试。反之，若介质的相对介电常数 ε 不变，其厚度 d 变化，则传感器可用于厚度测量。

图 4-24（b）所示为一种电容式液位计。当被测液面变化时，两个固定的筒形电极间液体浸入高度发生变化，从而可根据由此引起的电容变化测出相应的液位数据。

四、两种测量电路

电容式传感器的测量电路种类较多，如桥式电路、直流极化电路、谐振调幅电路和调频电路等，这里不一一详述，仅重点介绍差动脉冲宽度调制电路和运算放大器式电路。

1. 差动脉冲宽度调制电路

图 4-25 所示为差动式电容传感器的脉冲宽度调制电路，该电路也简称差动脉冲调宽电路。它由电压比较器 A_1、A_2，双稳态触发器及 R_1、R_2、VD_1、VD_2 组成的电容充放电电路构成。C_1、C_2 为传感器的差动电容，双稳态触发器的两个输出端 Q、$\overline{Q}$ 为该电路的输出端。

设电源接通时，双稳态触发器的 A 点为高电位，即 $Q=1$；B 点为低电位，$\overline{Q}=0$。U_A 通过 R_1 对 C_1 充电，直到 M 点的电位 U_M 等于参考电压 U_f 时，比较器 A_1 产生一个脉冲，使双稳态触发器翻转，A 点成低电位，B 点成高电位。此

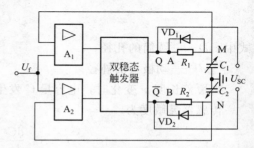

图 4-25 差动脉冲宽度调制电路

时，M 点的高电位经 VD_1 放电迅速降低到零。同时，B 点的高电位 U_B 经 R_2 向 C_2 充电，当 N 点电位 U_N 等于 U_f 时，比较器 A_2 产生一个脉冲，使双稳态再次翻转，使 U_A 为高，U_B 为低，又重复上述过程，周而复始，于是双稳态触发器两个输出端，亦即电路的输出端产生幅值为 U_1 和 $-U_1$ 的方波。A、B 处的脉冲波的脉冲宽度与电容充放电有关。当两电容 $C_1=C_2$

时，A、B两脉冲波的脉冲宽度相等，如图4-26（a）所示。此时，A、B两点间平均电压为零。当C_1、C_2值不等时，如$C_1 > C_2$，则C_1和C_2充电时间$T_1 > T_2$。这样，A、B处脉冲波的脉冲宽度不等，如图4-26（b）所示。A、B两点平均电压不再为零。输出电压U_{SC}由U_{AB}低通滤波后获得。A、B两点的平均电压为

$$U_{Ap} = \frac{T_1}{T_1 + T_2} U_1 \tag{4-40}$$

$$U_{Bp} = \frac{T_2}{T_1 + T_2} U_1 \tag{4-41}$$

式中　U_1——触发器输出高电压。

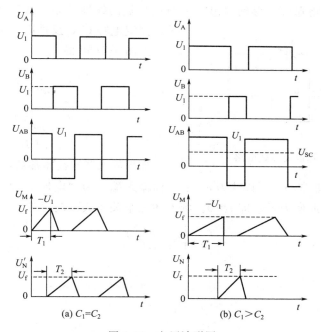

图 4-26　电压波形图

$$U_{SC} = U_{Ap} - U_{Bp} = U_1 \frac{T_1 - T_2}{T_1 + T_2} \tag{4-42}$$

$$T_1 = R_1 C_1 \ln \frac{U_1}{U_1 - U_f} \tag{4-43}$$

$$T_2 = R_2 C_2 \ln \frac{U_1}{U_1 - U_f} \tag{4-44}$$

设$R_1 = R_2 = R$，则

$$U_{SC} = \frac{C_1 - C_2}{C_1 + C_2} U_1 \tag{4-45}$$

当差动极距变化型电容传感器的电容

$$\begin{cases} C_1 = \dfrac{\delta_0 A}{\delta_0 - \Delta\delta} \\[3mm] C_2 = \dfrac{\delta_0 A}{\delta_0 + \Delta\delta} \end{cases} \tag{4-46}$$

则

$$U_{SC} = \frac{\Delta\delta}{\delta_0} U_1 \qquad (4\text{-}47)$$

可见，输出电压与输入位移为线性关系。

由于电路输出信号一般为 100kHz～1MHz 的方波，对低通滤波器要求不是很高，于是虽然所需的直流稳压电源电压稳定性应较好，但这一要求与其他电路所要求的高稳定度稳频稳幅交流电源相比容易得多。

2. 运算放大器式电路

极距变化型电容传感器的极距变化与电容变化成非线性关系，其应用受到一定限制。采用运算放大器式电路则可以得到输出电压与位移量的线性关系。如图 4-27 所示，输入阻抗采用固定电容 C_i，反馈阻抗为传感器 C_f。

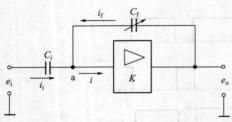

图 4-27　运算放大器式电路

由图 4-27 可得

$$e_i = \frac{1}{j\omega C_i} i_i + e_a \qquad (4\text{-}48)$$

$$e_o = \frac{1}{j\omega C_f} i_f + e_a \qquad (4\text{-}49)$$

$$i_i + i_f = i \qquad (4\text{-}50)$$

如果放大器增益非常高，则与其最大线性输出相对应的输入电压非常小，可以认为 $e_a = 0$，称输入端 a 为"虚地"。若放大器输入阻抗也非常高，其输入电流近似为零，即 $i \approx 0$。则上述三个关系式可改写为

$$\begin{cases} e_i = \dfrac{1}{j\omega C_i} i_i \\[2mm] e_o = \dfrac{1}{j\omega C_f} i_f \\[2mm] i_i = -i_f \end{cases} \qquad (4\text{-}51)$$

于是可得

$$e_o = -e_i \frac{C_i}{C_f} \qquad (4\text{-}52)$$

所以有

$$e_o = -e_i \frac{C_i \delta}{\varepsilon \varepsilon_0 A} \qquad (4\text{-}53)$$

即放大器输出电压 e_o 与电容传感器极距 δ 成线性关系。

普通放大器无法满足上述两项要求，要使 $e_a \approx 0$，$i \approx 0$ 的假设成立，必须采用性能优良的运算放大器。运算放大器是一种高增益、高输入阻抗和低输出阻抗、采用深度负反馈控制其响应特性的直流放大器，它可以实现信号的组合和运算，应用非常广泛。

电容式传感器的电容量一般都很小，由被测量引起的电容变化就更小，输出阻抗非常高。而与其配接的电缆电容较大，且当电缆弯曲和抖动或受环境影响而产生的电缆电容变化，可能等于甚至大于传感器电容变化，使传感器无法正常工作。为此，一方面通过集成化，使传感器与中间变换器之间的接线很短，以消除电缆电容、分布电容的影响；另一方面是改善屏蔽，采用"驱动电缆"或双层屏蔽等电位传输技术，使电缆电容的影

响尽可能小。

第六节　压电式传感器

一、压电效应

压电式传感器的工作原理是基于压电材料的压电效应。

石英、钛酸钡等晶体，当受到外力作用时，不仅几何尺寸发生变化，而且内部极化，一些表面出现电荷，形成电场；当外力去掉时，表面又重新回复到原来不带电状态，这种现象称为压电效应。具有这种性质的材料称为压电材料。如果把压电材料置于电场中，其几何尺寸发生变化，这种外电场作用导致压电材料机械变形的现象，称为逆压电效应或电致伸缩效应。

石英是一种常用的单晶压电材料。如图4-28（a）所示，石英（SiO_2）晶体结晶形状为六角形晶柱。如图4-28（b）所示，其基本组织六棱柱体有几种轴线：纵轴线 z-z 称为光轴；通过六角棱线而垂直于光轴的轴线 x-x 称为电轴；垂直于棱柱面的轴线 y-y 称为机械轴。

如果从石英晶体中切下一个平行六面体，使其表面分别平行于电轴、机械轴和光轴。这个晶片在正常状态下不呈现电极。

在垂直于光轴的力的作用下，晶体发生极化现象，在垂直于 x-x 轴的平面上出现电荷。沿 x-x 轴加力产生纵压电效应；沿 y-y 轴加力产生横压电效应；沿 z-z 轴加力不呈现任何极化现象。沿相对两平面加力则产生切向压电效应（图4-29）。

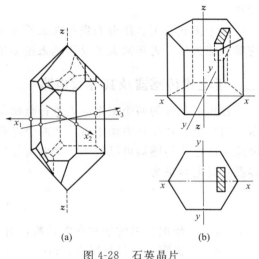

图 4-28　石英晶片

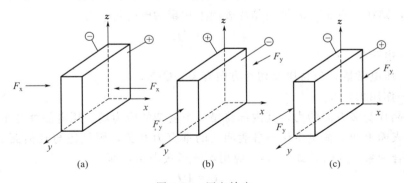

图 4-29　压电效应

石英的压电常数较低，但具有很好的时间和温度稳定性。其他单晶压电材料（如铌酸锂和钽酸锂）的压电常数为石英的 $2\sim4$ 倍，但价格较贵，应用不如石英广泛。酒石酸钾钠的压电常数虽然较高，但属于水溶性晶体，易受湿度影响、强度低、性能不稳定，应用不多。

压电陶瓷是目前应用最为普遍的多晶体压电材料。压电陶瓷烧制方便，易于成形，元件成本低。现在使用最多的是锆钛酸铅压电陶瓷系列；简称PZT。其压电常数很高（70～590pC/N）。

压电陶瓷具有与铁磁材料"磁畴"相类似的"电畴"，电畴就是自发极化的小区。一般情况下，压电陶瓷并不具有压电效应。但在一定温度下进行极化处理，在强电场作用下电畴规则排列，从而呈现压电性能。极化电场去除后，压电性能仍然保持，且在常温下受力即呈现压电效应。

压电陶瓷的压电常数比单晶体高得多，一般比石英高数百倍；成本（包括材料、零件成形、制造工艺费用）远比单晶体低。因此，现在大都采用压电陶瓷作压电式传感器的敏感元件。

由于天然石英、压电陶瓷存在杂质和性能上的问题，使其温度稳定性、灵敏度、横向效应等性能欠佳。近年来人工晶体越来越多地应用于各类传感器，性能大幅度提高。

二、压电式传感器及其等效电路

在压电晶片的两个工作面上进行金属蒸镀处理，形成金属膜作为电极，如图 4-30(a) 所示。当压电晶片受外力作用时，在两个电极上积聚数量相等、极性相反的电荷，形成电场。因此，压电式传感器可以视为一个电荷发生器，也可视为一个以压电材料为介质的平行板电容器，其电容量为

$$C = \frac{\varepsilon \varepsilon_0 A}{\delta}$$

式中　ε——压电材料的相对介电常数，对于石英晶体 $\varepsilon = 4.5$；

　　　δ——极距，即晶片厚度，m；

　　　A——压电晶片的工作面面积，m^2。

如果施加于晶片的外力不变，且积聚在极板上的电荷无泄漏，那么在外力继续作用下，电荷量保持不变；而在力的作用终止时，电荷就随之消失。

实验证明，压电晶片上所受作用力与由此产生的电荷量成正比。若沿单一晶轴 x-x 轴施加外力 f，则在垂直于 x-x 轴的晶片表面上积聚的电荷量 q 为

$$q = df \tag{4-54}$$

式中　q——电荷量，C；

　　　d——压电常数，与材质及切片方向有关，C/N；

　　　f——作用力，N。

若压电晶片受多方向的力，其内部将是一个复杂的应力场。压电晶片各个表面都会积聚电荷，每个表面上的电荷量不仅与各表面上的垂直力有关，而且还与其他面上的受力有关，即有交叉耦合现象。这时，式(4-54) 应用矩阵形式表示，即

$$\boldsymbol{Q} = \boldsymbol{D}\boldsymbol{F} \tag{4-55}$$

$\boldsymbol{Q}$、$\boldsymbol{D}$、$\boldsymbol{F}$ 均为矩阵，其量纲同式(4-54)。

由式(4-54)、式(4-55) 可知，无论被测量如何，关键在于电荷量的测量。传感器不从信号源吸收能量的原则在这里的体现是，测量方法不应消耗极板上积聚的电荷，因为电荷的

数量常常是很小的。当然，要达到这一要求是很困难的。基于这一点，用压电式传感器进行静态或准静态测量时，必须采取措施，使电荷的漏失减小到足够小的程度。在动态测量时，由于电荷可以不断补充，对此要求并不很高。

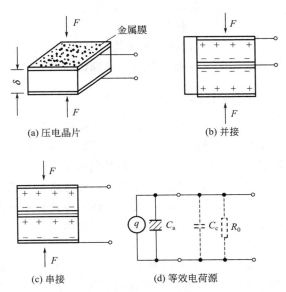

(a) 压电晶片　　(b) 并接

(c) 串接　　(d) 等效电荷源

图 4-30　压电晶片及其等效电路

　　压电式传感器多用两个或两个以上的晶片进行并接或串接，如图 4-30(b) 和图 4-30(c) 所示。并接时两晶片的负极在内，直接连接成传感器的负电极；位于外侧的两个正极，在外部连接成传感器的正电极。并接时输出电荷量大，适用于以电荷为输出的场合。但其电容量大，时间常数大，致使传感器不适于进行频率很高的信号的测量。串接时，传感器电压输出大，电容也较并接时的小，适用于以电压输出的情况。压电式传感器的结构见图 4-31 和图 4-32。

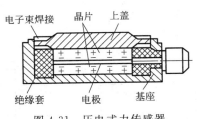

图 4-31　压电式力传感器

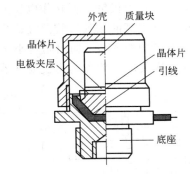

图 4-32　压电式加速度传感器

　　压电式传感器是一个具有一定电容的电荷源。输出开路时，开路电压 e_a 与电荷 q、传感器电容 C_a 之间关系为

$$e_a = \frac{q}{C_a} \tag{4-56}$$

　　当传感器接入测量电路时，其等效电路如图 4-30(d) 所示。其中，C_c 为电缆电容，R_0 为后续电路的输入阻抗和传感器的漏电阻形成的泄漏电阻。考虑负载影响后，传感器电容端电压、电荷 q 的关系与开路时不同，此时

$$q = Ce + \int i\,\mathrm{d}t \tag{4-57}$$

式中　C——等效电容，$C = C_a + C_c + C_i$；

　　　　C_a——传感器电容；

　　　　C_c——电缆电容；

　　　　C_i——后续电路输入电容；

e——电容上建立的电压，$e = R_0 i$；

i——泄漏电流。

式(4-57)说明，负载效应对输出电荷（或电压）很微弱、输出阻抗很高的压电式传感器影响很大。因而，其测量电路的重要性比其他类型的传感器更为突出。

三、测量电路

压电式传感器输出信号比较微弱，输出阻抗极高。为了减小电荷泄漏，实现阻抗匹配，后续测量电路的输入阻抗必须极高，匹配的电缆电容要很小，且噪声要很低，电缆电容不能任意变动。通常，把传感器的信号首先送入前置放大器。经过阻抗变换后，再用一般的放大、检波等电路进行后续处理。压电式传感器的前置放大器有其特殊要求。

压电式传感器的前置放大器的主要作用有两点：一是将传感器的高输出阻抗变换成前置放大器的低阻抗输出，实现与一般测试装置或中间变换器的阻抗匹配；二是对传感器的微弱输出信号进行预放大。

前置放大器有两种类型：一种是电压放大器，或称阻抗变换器，其输出电压与输入电压（即传感器输出电压）成正比；另一种是电荷放大器，其输出电压与输入电荷成正比。

1. 电压放大器

电压放大器电路如图 4-33 所示。其第一级采用 MOS 型场效应管构成源极输出器，第二级的普通晶体管射极输出器除作电压放大器的输出级外，同时对第一级形成负反馈，从而使输入阻抗本已很高的场效应管源极输出器的输入阻抗得以进一步提高，致使该电压放大器的输入阻抗大于 $1000\text{M}\Omega$，输出阻抗小于 100Ω。因为这种前置放大器的作用主要是阻抗变换，放大作用是次要的，故称为阻抗变换器。

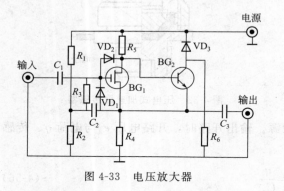

图 4-33　电压放大器

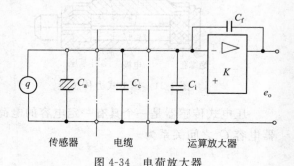

图 4-34　电荷放大器

电压放大器电路简单、体积小、价格低。但传感器的连接电缆必须专用，不得任意更换或对调；电缆不能很长，电缆电容不得很大，否则传感器灵敏度改变，引起测量误差。为解决电缆影响，可将传感器和前置放大器集成在传感器壳体内，传感器以低阻抗输出即可消除电缆的影响。

2. 电荷放大器

电荷放大器原理如图 4-34 所示，它是一个带有电容负反馈的高增益运算放大器。当略去传感器漏电阻及电荷放大器输入电阻时，输出电压 e_o 为

$$e_o = -\frac{Kq}{C_f(K+1) + C} \tag{4-58}$$

式中 C_f——电荷放大器反馈电容;

  C——传感器电容 C_a、电缆电容 C_c 和电荷放大器输入电容 C_i 的等效电容;

  q——传感器输出电荷;

  K——运算放大器开环放大倍数。

由于运算放大器开环放大倍数 K 很大,致使

$$C_f(K+1) \gg C \tag{4-59}$$

于是

$$e_o \approx -\frac{q}{C_f} \tag{4-60}$$

由此可知,电荷放大器输出电压 e_o 与压电式传感器的电荷 q 成正比,与连接电缆电容、电缆长度无关。目前,大多用电荷放大器作压电式力传感器、加速度传感器的前置放大器。电荷放大器的输入阻抗一般可达 $10^{10} \sim 10^{12} \Omega$,输出阻抗小于 100Ω。连接电缆允许长达数百米或更长。

第七节 磁电式传感器

磁电式传感器是把被测物理量转换为感应电动势的一种传感器,又称电动式传感器。

一个匝数为 W 的线圈,当穿过该线圈的磁通 Φ 发生变化时,线圈内的感应电动势为

$$e = -W\frac{\mathrm{d}\Phi}{\mathrm{d}t} \tag{4-61}$$

感应电动势 e 与其匝数和磁通变化率有关。对于特定的传感器,其线圈的有效匝数 W 一定,e 取决于 $\mathrm{d}\Phi/\mathrm{d}t$。磁通变化率受磁场强度、磁路磁阻、线圈运动速度等因素影响。因而,改变上述因素之一,将使线圈感应电动势改变。

磁电式传感器可分为动圈式和磁阻式。

一、动圈式磁电传感器

图 4-35(a)为线速度型磁电式传感器。线圈在磁场中做直线运动时,所产生的感应电动势为

$$e = WBlv\sin\theta \quad (\mathrm{V}) \tag{4-62}$$

式中 W——线圈有效匝数;

  B——磁场磁感应强度,T;

  l——单匝线圈的长度,m;

  v——线圈与磁场的相对运动速度,m/s;

  θ——线圈运动方向与磁场方向的夹角,通常 $\theta = \pi/2$。

考虑到 θ 通常为 $\pi/2$,上式一般写成

$$e = WBlv \tag{4-63}$$

由于对于一个特定的传感器来说,W、B 和 l 均为定值,所以感应电动势 e 与线圈运动速度 v 成正比。

图 4-35(b)是角速度型磁电式传感器。线圈在磁场中转动时,产生的感应电动势为

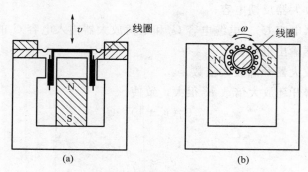

图 4-35　动圈式磁电传感器

$$e = BWA\omega \ (V) \tag{4-64}$$

式中　ω——线圈转动角速度，rad/s；

　　　A——单匝线圈的截面积，m^2。

在 B、W、A 为常数时，感应电动势的大小与线圈转动角速度成正比。

二、磁阻式传感器

如图 4-36 所示，由线圈、磁铁等构成的磁阻式传感器固定不动，被测体（导磁材料）的运动使磁路磁阻改变，从而在线圈中产生感应电动势。感应电动势的大小不仅与传感器和被测体之间相对运动速度 v 有关，而且还与传感器工作面与被测体之间的距离 x 有关。因而 e 不是 v 的单值函数，更不是线性关系，$e = f(v, x)$。

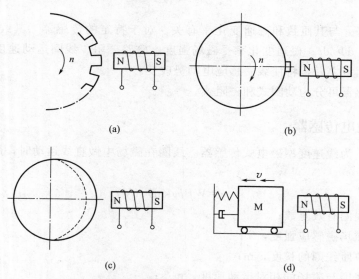

图 4-36　磁阻式传感器的工作原理与应用

图 4-36（a）为旋转体频数测量；图 4-36（b）为转速测量；图 4-36（c）和图 4-36（d）为振动测量。值得注意的是，磁阻式传感器对被测体有一定的磁吸力，重量轻而且小的被测对象可能受其影响，应慎重选用。

磁电式传感器输出阻抗一般不高，负载效应对其输出的影响可以忽略。这种传感器性能稳定、工作可靠、使用方便，但体积大，使用频率范围不宽。

第八节 光电式传感器

光电式传感器是测试技术中一种常用的传感器。实际使用时，被测物理量转换成光量，然后再由光敏元件转换成电信号。

一、光敏元件

1. 光敏电阻

某些半导体材料，在光照射下，吸收一部分光能，使其内部的载流子数目增多，从而使材料的电导率增大、电阻减小，这种现象称为内光电效应或光导效应。

图 4-37 所示为硫化镉光敏电阻的结构，外部光通过保护玻璃照射在光电导层——光敏半导体薄膜上，光敏电阻通过引线接入电路。

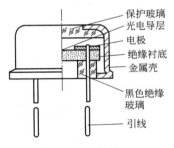

图 4-37 硫化镉光敏电阻的结构

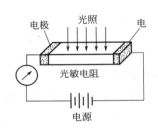

图 4-38 光敏电阻的工作原理

图 4-38 所示为光敏电阻的工作原理。当无光照时，因光敏电阻的暗电阻阻值很大（大多数光敏电阻的暗电阻阻值往往超过 $1M\Omega$，甚至高达 $100M\Omega$），电路电流很小。当受到一定波长范围的光照时，其亮电阻阻值急剧减小致使电路电流迅速增大。在正常的白昼条件下，其亮电阻也可降低到 $1k\Omega$ 以下。硫化镉（CdS）、硒化镉（CdSe）等适用于可见光范围；氧化锌（ZnO）、硫化锌（ZnS）等适用于紫外线域；硫化铅（PbS）、硒化铅（PbSe）、碲化铅（PbTe）等适用于红外线域等。因此，应根据光波波长合理选择光敏电阻的材料。

2. 光电池与光敏晶体管

当半导体与金属或半导体 P-N 结接合面受到光照时，会发生电子与空穴的分离现象，从而在接触面两端产生电势，这种现象称为光生伏打效应。P 型半导体内具有过剩的空穴，N 型半导体内具有过剩的电子。当两者结合时，在结合面上将发生载流子的扩散现象，即 N 型区的电子向 P 型区扩散，而 P 型区的空穴向 N 型区扩散。结果使 N 区失去电子带正电，P 区失去空穴带负电，从而形成一个电场，称为 P-N 结。如图 4-39 所示，由于 P-N 结阻止空穴、电子的进一步扩散，故称为阻挡层。

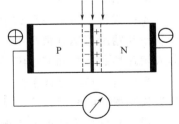

图 4-39 具有 P-N 结的光电池

如果光照射 P-N 结，在 P-N 结附近，由于吸收了光子能量，而产生空穴与电子，这种由于光照射而产生的载流子称为光生载流子。光生载流子在 P-N 结电场作用下，产生与扩散运动相反的漂移运动。电子被推向 N 区，而空穴被拉进 P

区，使 P 区带正电，N 区带负电，两区之间产生电位差，即构成了光电池。光电池受光照射后将在电路中产生电流。

光敏晶体管是受光照射时载流子增加的半导体光敏元件。具有一个 P-N 结的称为光敏二极管，具有两个 P-N 结的称为光敏三极管。

图 4-40 所示为光敏三极管及其伏安特性曲线。光敏三极管与普通三极管相似，由入射光在发射极 e 与基极 b 之间的 P-N 结附近产生的光生电流，相当于三极管的基极电流。在不同照度下的伏安特性曲线，与普通三极管在不同基流下的输出特性是相似的。

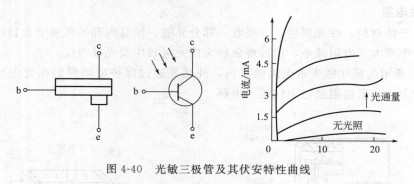

图 4-40　光敏三极管及其伏安特性曲线

3. 光电倍增管

光电倍增管是在入射光微弱，要求有较大电流输出时使用的一种光敏元件。其结构与工作原理见图 4-41。

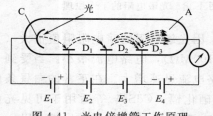

图 4-41　光电倍增管工作原理

光电倍增管由光电阴极 C、阳极 A 和若干倍增极 D_1，…，D_n 组成。由一定材料制成的光电阴极受入射光照射时，可发射出电子。阳极和倍增极上加有一定的正电压。光电阴极发射的电子将被第一倍增极的正电压所加速，而轰击第二倍增极，使其放出电子。第二倍增极放出的电子称为二次电子，其数量比一次电子多一倍。这样，经过多次倍增后的大量电子被带正电位的阳极接收，而在阴极与阳极之间形成电流。

二、光电式传感器

1. 光栅式传感器

光栅式传感器是一种数字式光电位移传感器。可分为直线位移型和角位移型两大类。其分辨率和精度可达到很高水平。光栅式传感器广泛应用于精密测试仪器、加工中心机床、机器人闭环控制系统和其他闭环数字控制、计算机控制系统。

光栅是一种在基体上刻制有极其细密刻线的光学元件。光栅的种类很多，按结构形式可分为长光栅和圆光栅；按传感器光路可分为反射光栅和透射光栅。

图 4-42(a) 为透射式光栅尺（主光栅）；图 4-42(b) 为指示光栅，图中 a 为刻线宽度，b 为缝隙宽度，$W = a + b$ 称为光栅的栅距，一般 $a = b$，也可以做成 $a : b = 1.1 : 0.9$。线纹密度一般为每毫米 100、50、25、10（条线）。

光栅式传感器主要由标尺光栅、指示光栅等组成，其光路系统如图 4-42(c) 所示。标尺

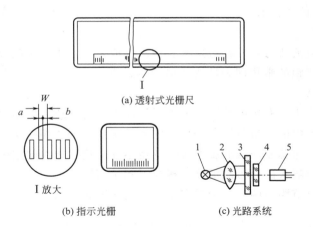

(a) 透射式光栅尺

I 放大

(b) 指示光栅

(c) 光路系统

图 4-42　透射式光栅示意图

1—光源；2—透镜；3—标尺光栅；4—指示光栅；5—光电元件

光栅刻线区长度决定了测量范围。指示光栅短，但栅距等参数均与标尺光栅相同。标尺光栅与配套的指示光栅构成光栅副。光栅副的刻线面相对并以一定的微小间隙 d（常取 $d = W^2\lambda$，λ 为常用白炽光波长）平行安装，其中之一固定，另一个随被测体运动。

（1）工作原理

如图 4-43 所示，将指示光栅的线纹相对标尺光栅线纹倾斜一个微小角度 θ 时，由遮光和衍射作用，在两光栅线纹夹角平分线的垂线方向上出现明暗相间的条纹，称为莫尔条纹。

当两光栅沿刻线垂直方向相对移动一个栅距 W，莫尔条纹也同步移动一个节距 B_H，视场内固定点上的光强变化一周。光栅相对移动反向，莫尔条纹移动方向也随之变化。至此，光栅副将被测位移转换成光强变化。

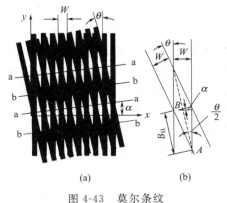

(a)　　　(b)

图 4-43　莫尔条纹

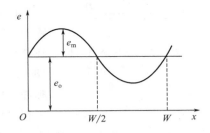

图 4-44　光栅位移与输出电压

光敏元件接收莫尔条纹移动时的光强变化，将光信号变换成电信号。如图 4-44 所示，当光栅刻线移动一个栅距 W 时，输出电压波形近似带有直流的正弦信号，也变化一个周期，故输出电信号为

$$e = e_o + e_m \sin\left(\frac{2\pi x}{W}\right) \tag{4-65}$$

式中　e——光栅传感器输出电压信号；

e_o——输出信号的直流分量，与视场中的平均光强有关；

e_m——输出电信号幅值；

x——位移。

将此信号消去直流成分，并经过放大、整形变成方波，再经过微分电路变成脉冲信号进行计数。脉冲数与栅距的乘积即为被测位移量的数值。

（2）结构与电路

莫尔条纹有两个十分有用的特点：误差平均作用和光学放大作用。

莫尔条纹是视场内的大量刻线共同形成的光学条纹，刻线相邻误差、线纹缺陷等刻划误差得到平均、抵消，对莫尔条纹的影响可以忽略不计。莫尔条纹的这一误差平均作用使标尺光栅的短周期误差影响大部分得以消除，提高了测量精度。

长光栅莫尔条纹节距与两光栅刻线夹角 θ 之间关系为

$$B_\mathrm{H}=\frac{W}{2\sin\dfrac{\theta}{2}}\approx\frac{W}{\theta} \tag{4-66}$$

由式(4-66)可知，当 W 一定时，θ 越小，则莫尔条纹节距 B_H 越大，这称为莫尔条纹的光学放大作用。这不仅给传感器的结构设计与制造带来方便，而且也为采用四相光电接收装置实现莫尔条纹的细分与位移方向辨别创造了有利条件。

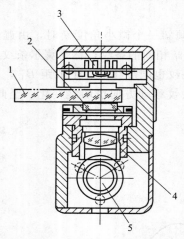

图 4-45 透射式光栅传感器结构
1—标尺光栅；2—指示光栅；
3—硅光电池；4—透镜；
5—白炽灯

如图 4-45 所示，调整装置，使标尺光栅 1 与指示光栅 2 之间保持一定的间隙 d。白炽灯 5 与透镜 4 等构成的平行光源使光栅副受到平行光照射。在标尺光栅刻划面上成像的莫尔条纹由安装在壳体上方的硅光电池 3 接收，并将其转换为电信号。

为使光栅传感器能分辨小于光栅栅距的位移，必须对莫尔条纹信号进行细分。细分的目的是在莫尔条纹信号变化一周期时，传感器输出信号产生的不再是一个脉冲，而是若干个脉冲，以减小脉冲当量。细分方法很多，这里介绍四分频细分，用以说明细分的作用。

四分频细分要求在莫尔条纹的节距 B_H 内，安置四个相距 $B_\mathrm{H}/4$ 的光电元件，或用一个四极光电池代替。这样，在莫尔条纹移动的一个周期内，可得到相位为 0°、90°、180°、270°的四个正弦信号，然后经过放大、整形得到四个脉冲，即当莫尔条纹每移动 $B_\mathrm{H}/4$，就有一个输出的脉冲与之相对应。这样，脉冲当量从 W 变成 $W/4$，传感器的分辨率是原来的 4 倍。与此类似，应用电阻链细分、锁相倍频细分和计算机软件细分等方法，可获得更大的细分数和更高的位移分辨率，但对莫尔条纹及光电信号的要求也更为严格。

应用相位差 90°的两个正弦信号 e_1 和 e_2 的相位与位移方向的关系，可进行位移方向辨别。若光栅沿一方向运动，e_2 超前 e_1；光栅反向运动时，莫尔条纹也相应地向相反方向移动，则 e_1 超前 e_2。辨向逻辑电路按 e_1 和 e_2 的相位关系，产生光栅正、反移动的方向信号，并分别由此信号使光栅位移计用的可逆计数器计数。当光栅从一种运动状态反向时，由辨向电路产生的反向信号使可逆计数器进行减计数，否则可逆计数器进行加计数，从而保证计数值与实际的位移严格对应。

2. 光电式转速传感器

光电式转速传感器的工作原理如图 4-46 所示，光源 1、透镜 2 送出的平行光，经半透半反射镜 3 反射，并由透镜 4 会聚在被测的旋转体 5 上。被测物体上设置一定数量的反光面和非反光面。被测物体旋转时，反光面反射回的光线经半透半反射镜 3 透射，透镜 6 会聚于光敏元件 7 上，使其输出光脉冲；旋转体上的非反光面不能将光反射回传感器，因此无对应脉冲输出。传感器输出的光电脉冲送入频率计或计数器即可测得转速。

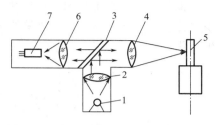

图 4-46　光电式转速传感器的工作原理
1—光源；2,4,6—透镜；3—半透半反射镜；
5—旋转体；7—光敏元件

光电式传感器体积小，便于携带，测量范围宽，使用方便；特别是其具有频率特性好，易实现非接触测量等优点，故应用十分广泛。

第九节　其他类型的传感器

传感技术是信息科学的一个重要组成部分，应用十分广泛，在科学研究和工程技术中起着重要作用，信息科学的发展促进了物质、能量科学的发展，而新材料的出现又为新型传感器的研制提供了物质基础。微电子技术的发展，为传感器的智能化提供了技术条件，促进了传感技术的发展，于是越来越多的敏感元件问世，使人们的感官功能不断扩展和增强。

工程中常用的传感器种类繁多、发展很快，分类方法也很多。这里再介绍几种常用传感器，重点是它们的核心——敏感元件。

一、霍尔传感器

霍尔传感器的核心是霍尔元件。霍尔元件是一种半导体磁电转换元件。一般由锗、锑化铟、砷化铟等半导体材料制成。其工作原理基于霍尔效应。

霍尔元件有分立元件型和集成型。分立元件型霍尔元件由单晶材料制成，已经普遍应用。集成型霍尔元件是利用硅集成电路工艺制造的，它的敏感部分与变换电路制作在同一基片上。图 4-47（a）所示是一种典型的开关型集成霍尔传感器。它包括敏感、放大、整形、输出四个部分。其外部用陶瓷片封装，体积很小，如图 4-47（b）所示。

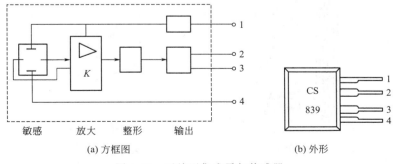

(a) 方框图　　　　　(b) 外形

图 4-47　开关型集成霍尔传感器

霍尔传感器在工程测量中应用广泛，图 4-48 举例介绍了它的应用情况。可以看出，把霍尔传感器放在磁场中，当被测物理量的变化改变了霍尔元件的磁感应强度时，霍尔电势发生变化。

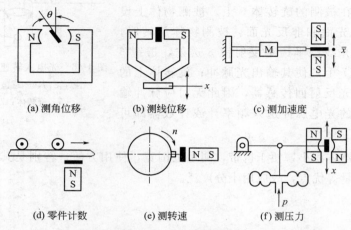

(a) 测角位移　　(b) 测线位移　　(c) 测加速度

(d) 零件计数　　(e) 测转速　　(f) 测压力

图 4-48　霍尔传感器的工程应用

二、热敏电阻

热敏电阻元件如图 4-49(a) 所示。热敏电阻是由金属氧化物的粉末按比例混合后烧结而成的半导体。它具有负的电阻温度系数，即随着温度的上升阻值下降。

根据半导体理论，热敏电阻在温度 T 时的电阻为

$$R = R_0 e^{b\left(\frac{1}{T} - \frac{1}{T_0}\right)} \tag{4-67}$$

式中　R_0——温度 T_0 时的电阻值；

　　　b——由材料决定的系数。

可以求得电阻温度系数为

$$\alpha = \frac{dR/dT}{R} = -\frac{b}{T^2} \tag{4-68}$$

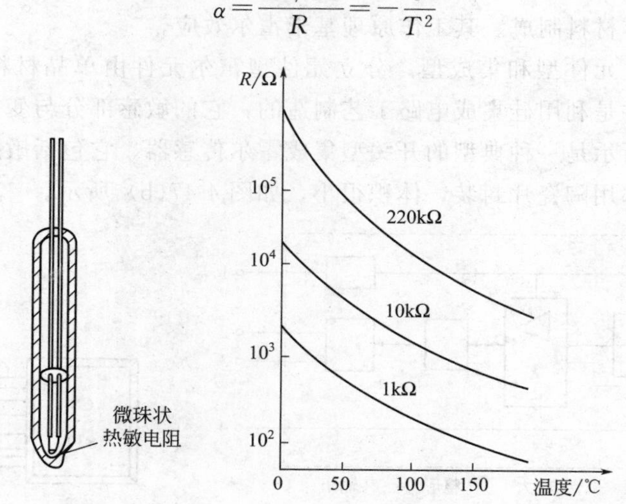

(a) 热敏电阻元件　　(b) 温度特性

图 4-49　热敏电阻元件及其温度特性

若取 $b=3400\mathrm{K}$，$T=293.15\mathrm{K}$，可求得 $\alpha=-3.96\times10^{-2}\mathrm{K}^{-1}$。此值相当于铂电阻丝的 10 倍。

半导体热敏电阻与金属丝电阻比较，有下列优点：灵敏度高，可测量 $0.001\sim0.0005℃$ 微小的温度变化；体积小、热惯性小、响应快，时间常数可以达到毫秒级；元件本身的电阻值可达 $3\sim700\mathrm{k}\Omega$，导线电阻可以忽略，利于远距离测量。故其被广泛应用于测量仪器、自动控制等方面。其缺点是非线性大，对环境温度敏感，易受干扰。图 4-49（b）所示为热敏电阻元件的温度特性，曲线上方标的是室温下的电阻值。

三、气敏电阻

气敏电阻由氧化锡、氧化锰等半导体材料制成。这些材料在吸收了氢、一氧化碳、烷、醚、醇、苯以及天然气等可燃气体的烟雾时，发生还原反应，放热，元件温度升高，电阻变化。利用这种特性，可把气体的成分和浓度转换成电信号，进行监测和报警。它常被称为"电子鼻"。

图 4-50 所示为典型气敏电阻的电阻-成分-浓度关系。可见，它对不同气体的敏感程度不同。一般随气体浓度增加，电阻明显增大，在一定范围内呈线性关系。

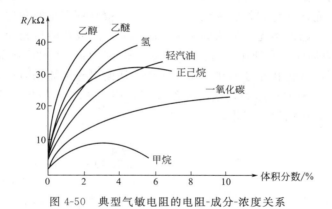

图 4-50　典型气敏电阻的电阻-成分-浓度关系

四、超声波探头

利用超声波反射、折射和衰减等物理性质，可以实现液位、流量、温度、黏度、厚度和距离等参数的测量以及零部件的探伤检测。

超声波探头就是超声波测量的传感器。它是利用压电效应将电能转换为机械能（超声波振动能），或将机械能转换为电能的装置，又称为超声波发生器或接收器。在实际应用中，常常利用压电效应的可逆性，"发射"与"接收"兼用。即把脉冲交流电压加在压电元件上，使其向介质发射超声波，同时接收从介质反射回来的超声波，并将反射波转换为电信号。

图 4-51 是一种超声波探头结构示意图。压电

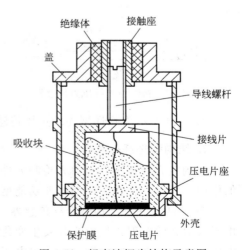

图 4-51　超声波探头结构示意图

片是主要元件，大多做成圆板形。压电片的厚度与超声波频率成反比。作为导电的极板，压电片的底面接地线，上面接导线引至电路中。

在压电片底粘有一层保护膜，以免压电片与被测体直接接触而磨损。保护膜有软性和硬性两种。软性保护膜可用薄塑料膜（厚约 0.3mm），它与表面粗糙的工件接触较好；硬性的可用不锈钢片或陶瓷片。压电片与保护膜粘合后，谐振频率会降低。

吸收块又称阻尼块，是由环氧树脂与钨粉混合而成的填充物。其作用是吸收声能，降低压电片的机械品质因数。

五、光导纤维传感器

光导纤维传感器自问世以来，因其具有信息传输量大、抗干扰能力强、体积小、可弯曲、灵敏度高、耐高压、耐腐蚀、且适于非接触测量等优点，发展非常迅速。

光导纤维传感器一般分为两类：物性型光纤传感器和结构型光纤传感器。

1. 物性型光纤传感器

物性型光纤传感器的工作原理是基于光纤的光调制效应，即改变光纤的环境（如应变、压力、电场、磁场、温度、放射性和化学作用等），就可以改变光传播中的光强和相位。通过测得通过光纤的光强变化和相位变化，就可以测得被测物理量的变化，即把输入物理量转化为调制的光信号。物性型光纤传感器又称为敏感元件型或功能型光纤传感器。

图 4-52 所示为物性型光纤压力传感器。其中图 4-52(a) 为对光纤施加均匀压力，由光弹性效应引起折射率变化和光纤形状、尺寸变化，从而引起传播光的相位变化和偏振波面的旋转；图 4-52(b) 为施加点压力，这时光纤变形，引起不连续的折射率变化，从而产生传播光的散射损耗，光振幅发生变化。

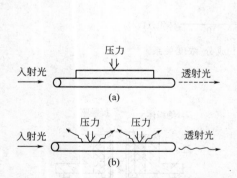

图 4-52 物性型光纤压力传感器

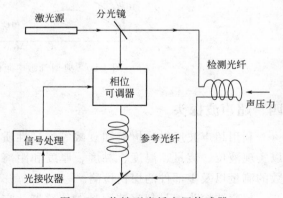

图 4-53 物性型光纤声压传感器

图 4-53 所示为物性型光纤声压传感器。它的最小检测声压力为 $1\mu\mathrm{Pa}$。

2. 结构型光纤传感器

结构型光纤传感器是由光检测元件和光纤传输回路组成的测量系统。光纤仅起传播介质的作用，所以又称为传光型或非功能型光纤传感器。

图 4-54 是一种结构型光纤传感器。来自光源的光束经入射光纤传输，射到被测物体上。由于入射光的散射作用，光强发生变化，在接收光纤的输出端，光电管把光强的变化转换为电压的变化。在一定范围内，输出电压与位移 Δx 呈线性关系。这种传感器已经被用于微小

位移和表面粗糙度的非接触式测量。

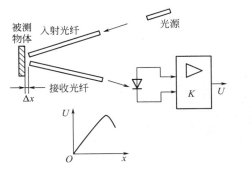

图 4-54　结构型光纤传感器

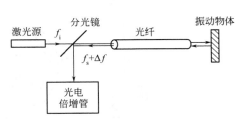

图 4-55　激光-多普勒效应速度传感器

图 4-55 是一种激光-多普勒效应速度传感器。它是一种检测高频、微小振动的非接触式测量系统。根据多普勒效应（即被测物体的反射光的频率变化与物体的运动速度成比例关系），被测物体运动速度与多普勒频率之间的关系为

$$\Delta f = f_s - f_i = 2nv/\lambda \qquad (4\text{-}69)$$

式中　f_i——入射光频率，即激光源所发激光的频率；

　　　f_s——散射光频率；

　　　Δf——多普勒频率；

　　　n——散射介质的折射率；

　　　λ——入射光在空气中的波长；

　　　v——被测物体的速度。

可见，多普勒频率 Δf 随被测物体运动速度 v 的变化而变化，测得 Δf，即可得到 v。

与其他振动传感器比较，这种传感器的优点是体积小、可弯曲，几乎可以伸向机械系统的任何部位。

六、固态图像传感器

固态图像传感器是一种具有光生电荷以及积蓄、转移电荷功能的小型固态集成器件。它能够把光信息通过光电转换变换为电信息。作为一种图像处理装置，在传真、文字识别、图像处理等领域已获得广泛应用。近年来，由于它具有体积小、重量轻、响应快、灵敏度高、稳定性高、寿命长以及非接触测量等优点，在测试、控制等领域（如检测物体的有无、形状、尺寸和位置等）越来越显示出它的优越性。

构成固态图像传感器的核心是电荷耦合器件 CCD（Charge Coupled Device）。在光照射下，可产生、积蓄、转移信号电荷，具备光电转换和自扫描功能。

按照像素排列方式，固态图像传感器分为线型、面型和圆型。

图 4-56 所示为线型固态图像传感器。传感器的感光部分为光敏二极管 PD（Photo-Diode）的线阵列，1728 个 PD 作为感光像素位于传感器中央，两侧设置 CCD 转移寄存器，寄存器上面覆以遮光物。奇数号位的 PD 信号电荷移往下侧的寄存器；偶数号位的信号电荷则移往上侧的寄存器。再以输出控制栅驱动 CCD 转移寄存器，将信号电荷经公共输出端，从光敏二极管 PD 上依次读出。

固态图像传感器用于非电量测量，是以非接触方式进行的。因此，可实现危险地点或人

和机械不能到达的场所的测量与控制。

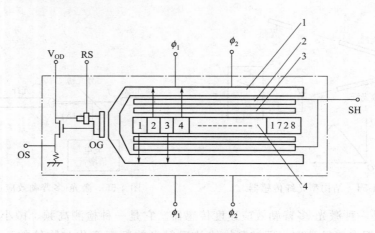

图 4-56 线型固态图像传感器

1—CCD 转移寄存器；2—转移控制栅；3—积蓄控制电极；4—PD 阵列（1728）；SH—转移控制栅输入端；

RS—复位控制；V_{OD}—漏极输出；OS—图像信号输出；OG—输出控制栅

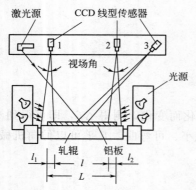

图 4-57 热轧铝板宽度自动检测原理

图 4-57 是热轧铝板宽度自动检测的原理。两个线型 CCD 传感器置于铝板的上方，铝板端外的一小部分处于传感器的视场内。依据几何光学方法可以分别测得宽度 l_1 和 l_2，已知两个传感器间距 l，就可以根据传感器的输出计算出铝板宽度 L。图 4-57 中 CCD 传感器 3 用来摄取激光源在铝板上的反射光像，其输出信号用以补偿由板厚变化引起的测量误差。整个系统由微机控制，可以实现实时检测，测量精度可达±0.025%。

这里仅概略地介绍了机械工程中常用的几种传感器，实际工作中的关键问题是如何根据需要合理地选用传感器，完成测试任务。

第十节　传感器的选用原则

传感器种类繁多，而且许多传感器的应用范围又很广，如何合理选用传感器，是测试工作中的一个重要问题。对传感器的要求，因使用的技术领域、对象特征、环境和精度等要求的不同而有很大区别。但就其共性而言，选用传感器时主要考虑的因素包括灵敏度、响应特性、线性范围、可靠性、精确度、测量方法等。

一、灵敏度

一般来讲，传感器的灵敏度越高，所能感知的变化量越小，被测量稍有微小变化时，传感器就有较大的输出。但是，当传感器灵敏度越高时，与测量无关的干扰信号也越容易混入，并被放大装置放大。这时必须考虑既要检测微小量值，又要干扰小，因此一般要求传感器信噪比愈大愈好，既要求传感器本身噪声小，且不易从外界引入干扰。

当被测量是个矢量时，要求传感器在该方向的灵敏度愈高愈好，而横向灵敏度愈低愈好。在测量多维矢量时，应要求传感器的交叉灵敏度愈低愈好。

此外，与灵敏度紧密相关的是测量范围。除非有专门的非线性校正措施，最大输入量不应使传感器进入非线性区域。有时测试工作要在较强的噪声背景下进行，对传感器来讲，其输入量不仅包括被测量，也包括干扰量，两者之和不能进入非线性区域。过高的灵敏度会缩小传感器的工作范围。

二、响应特性

在所测频率范围内，传感器的响应特性必须满足不失真的测试条件。此外，实际传感器响应总有一定延迟，延迟时间愈短愈好。

利用光电效应、压电效应等的物性型传感器，响应较快，工作频率范围宽，而电感、电容、磁电式等结构型传感器，往往由于结构中的机械系统惯性的限制，其固有频率低，故工作频率低。

在动态测试中，传感器的响应特性对测试结果有直接影响，在选用时，应充分考虑被测物理量的变化特点（如稳态、瞬变、随机等）。

三、线性范围

任何传感器都有一定的线性范围，在线性范围内输入与输出成比例关系。线性范围愈宽，则传感器的工作量程愈大。

传感器工作在线性区域内，是保证测量精度的基本条件。然而，任何传感器都不易保证其绝对线性，在允许限度内，可以在其近似线性区域内应用。选用时必须考虑被测物理量的变化范围，令其线性误差在允许范围内。

四、可靠性

可靠性是指仪器、装置等产品在规定的条件下，在规定的时间内可以完成规定功能的能力。只有产品的性能参数均在规定的误差范围内，才能视为可以完成规定的功能。

为了保证传感器在应用中具有高的可靠性，必须选用设计、制造良好，使用条件适宜的传感器；在使用过程中，应严格按照规定条件使用，尽量减轻使用条件带来的不良影响。

五、精确度

传感器的精确度表示传感器的输出与被测量真值一致的程度。传感器处于测试系统的输入端，传感器能否真实地反映被测量值，对整个测试系统具有直接影响。

在实际应用中，也并非要求传感器的精确度愈高愈好，还要考虑测试工作的经济性。传感器精确度越高，价格越昂贵。因此应从实际出发，根据测试目的进行选择。

六、测量方法

传感器在实际条件下的工作方式，如接触与非接触测量、在线与非在线测量等，也是选用传感器时应考虑的重要因素。工作方式不同对传感器的要求也不同。

在机械系统中，运动部件的测量，往往需要非接触测量。因为对部件的接触式测量不仅造成对被测系统的影响，且有许多实际困难，诸如测量头的磨损、接触状态的变动、信号的采集都不易妥善解决，也易造成测量误差。采用电容式、涡电流式等非接触式传感器，则会方便很多。若选用电阻应变片式，则需配以遥测应变仪或其他装置。

在线测试是与实际情况更接近一致的测试方式。特别是自动化过程的控制与检测系统，必须在现场实时条件下进行检测。实现在线检测比较困难，对传感器及测试系统都有一定特殊要求。例如，在加工过程中，若要实现表面粗糙度的检测，以往的光切法、干涉法、触针式轮廓检测法都不能运用，取而代之的是激光检测法。实现在线检测的新型传感器的研制，也是当前测试技术发展的一个方面。

七、其他

除了以上选用传感器时应充分考虑的因素外，还应尽可能兼顾结构简单、体积小、重量轻、价格便宜、易于维修、易于更换等条件。

习 题

4-1 在机械式传感器中，影响线性度的主要因素是什么？试举例说明。

4-2 金属电阻应变片与半导体应变片在工作原理上有何区别？各有何优缺点？

4-3 有一电阻应变片，其灵敏度 $S=2$，$R=120\Omega$，设工作时其应变为 $1000\mu\varepsilon$，ΔR 多大？设将此应变片接成如图 4-58 所示的电路，试求：①无应变时电流表示值；②有应变时电流表示值；③电流表指示值相对变化量。

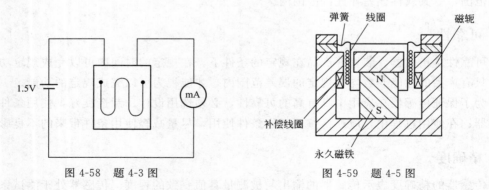

图 4-58 题 4-3 图   图 4-59 题 4-5 图

4-4 一电容测微仪，其传感器的圆形极板半径 $r=4mm$，工作间隙 $\delta_0=0.3mm$，问：①工作时，如果传感器与工件的间隙变化量 $\Delta\delta=\pm1\mu m$ 时，电容的变化量是多少？②如果测量电路的灵敏度 $S_1=100mV/pF$，读数仪表的灵敏度 $S_2=5$ 格/mV，在 $\Delta\delta=\pm1\mu m$ 时，读数仪表的指示值变化多少格？

4-5 磁电式速度传感器结构如图 4-59 所示，线圈平均直径 $D=25mm$，气隙中磁感应强度 $B=6000Gs$（$1Gs=10^{-4}T$），希望传感器灵敏度 $S=600mV/(cm/s)$，求线圈绕制匝数 W。

4-6 试按接触式和非接触式区分传感器，列出它们的名称、工作原理及用途。

4-7 选用传感器的原则是什么？在实际中如何运用这些原则？试举例说明。

4-8 把一个变阻器式传感器按图 4-60 接线，它的输入量是什么？输出量是什么？在什么条件下它的输出量与输入量之间有较好的线性关系？

4-9 光电式传感器包含哪几种类型？各有何特点？用光电式传感器可以测量哪些物理量？

4-10 电感传感器（自感型）的灵敏度与哪些因素有关？要提高灵敏度可以采取哪些措施？采取这些措施会带来什么后果？

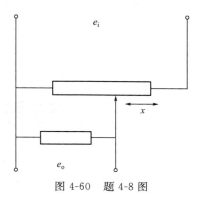

图 4-60 题 4-8 图

4-11 什么是压电效应？试述压电式传感器的类型及其各自的特点。

4-12 什么是霍尔效应？其物理本质是什么？用霍尔元件可以测量哪些物理量？

4-13 说明用光纤传感器测量压力和位移的工作原理，指出其不同点。

4-14 说明固态图像传感器的成像原理，怎样实现光信息的转换、存储和传输过程，在工程测试中有何应用。

第五章

信号的中间变换与记录

第一节　概　　述

　　在实际测试工作中，被测物理量经传感器后的输出信号通常是很微弱的或者是非电压信号，如电阻、电容、电感、电荷、电流等物理量，这些微弱信号或者非电压信号难以直接用于信号的分析和处理、显示、记录及储存，而且有些信号还携带着干扰噪声。因此，经传感器后的信号需要经过调制、放大、滤波等一系列加工处理，以将微弱电压信号进行放大、将非电压信号转换为电压信号、抑制噪声、提高信噪比，便于后续环节进行信号处理。一般来讲，信号的中间变换涉及的范围很广，模拟信号的中间变换包括加、减、乘、除、乘方、开方、微积分等运算以及调制与解调、滤波、模拟/数字（A/D）转换等，本章主要介绍常用的中间变换装置，如电桥及调制与解调、滤波和模拟/数字转换的基本知识，并对常用的信号显示与记录仪器进行简要介绍。

第二节　电　　桥

　　电桥是一种将电阻、电容、电感等参数变化转换为电压或者电流变化的测量电路。电桥输出一般需要先进行放大，然后再进行后续处理。但有时也可用指示仪表直接测量。

　　一般按接入激励电源的性质把电桥分为直流电桥和交流电桥。

一、直流电桥

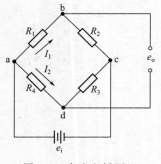

图 5-1　直流电桥原理

　　直流电桥原理图如图 5-1 所示，四个桥臂元件为电阻 R_1、R_2、R_3、R_4。a、c 两端接入直流激励电压 e_i，b、d 为电桥输出端。

　　当输出端所接放大器的输入电阻很大，电桥输出端可视为开路时，桥路电流为

$$I_1 = \frac{e_i}{R_1 + R_2}$$

$$I_2 = \frac{e_i}{R_3 + R_4}$$

电桥输出电压为

$$e_o = U_{ab} - U_{ad} = I_1 R_1 - I_2 R_4 = \left(\frac{R_1}{R_1 + R_2} - \frac{R_4}{R_3 + R_4}\right)e_i = \frac{R_1 R_3 - R_2 R_4}{(R_1 + R_2)(R_3 + R_4)}e_i \qquad (5\text{-}1)$$

当 $R_1 R_3 = R_2 R_4$ 时，$e_o = 0$。

电桥输出电压为零的状态称为电桥平衡。直流电桥的平衡条件为

$$R_1 R_3 = R_2 R_4 \qquad (5\text{-}2)$$

常用的电桥连接形式有半桥单臂、半桥双臂和全桥连接，如图 5-2 所示。

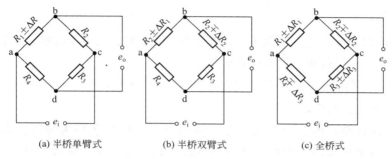

(a) 半桥单臂式　　　　(b) 半桥双臂式　　　　(c) 全桥式

图 5-2　直流电桥的连接方式

图 5-2(a) 为半桥单臂连接形式。工作中桥臂元件 R_1 随被测量变化，其电阻增量 ΔR 引起的输出电压为

$$e_o = \left(\frac{R_1 + \Delta R}{R_1 + \Delta R + R_2} - \frac{R_4}{R_3 + R_4}\right)e_i \qquad (5\text{-}3)$$

通常，令 $R_1 = R_2 = R_3 = R_4 = R_0$，因此式(5-3) 可写为

$$e_o = \frac{\Delta R}{4R_0 + 2\Delta R}e_i$$

由于 $\Delta R \ll R_0$，所以

$$e_o \approx \frac{\Delta R}{4R_0}e_i \qquad (5\text{-}4)$$

图 5-2(b) 为半桥双臂连接形式。工作中两个桥臂随被测量变化，且为 $R_1 \pm \Delta R_1$，$R_2 \mp \Delta R_2$。当 $R_1 = R_2 = R_3 = R_4 = R_0$，$\Delta R_1 = \Delta R_2 = \Delta R$ 时，电桥输出为

$$e_o \approx \frac{\Delta R}{2R_0}e_i \qquad (5\text{-}5)$$

图 5-2(c) 为全桥连接形式。工作中四个桥臂随被测量变化，且为 $R_1 \pm \Delta R_1$，$R_2 \mp \Delta R_2$，$R_3 \pm \Delta R_3$，$R_4 \mp \Delta R_4$。当 $R_1 = R_2 = R_3 = R_4 = R_0$，$\Delta R_1 = \Delta R_2 = \Delta R_3 = \Delta R_4 = \Delta R$ 时，电桥输出为

$$e_o \approx \frac{\Delta R}{R_0}e_i \qquad (5\text{-}6)$$

由此可见，当激励电压 e_i 稳定不变时，电桥输出电压与相对电阻增量之间为线性关系。电阻的变化通过电桥变换成电压，这就是直流电桥的变换原理。电桥接法不同，其灵敏度也不同，全桥式接法可获得最大输出。

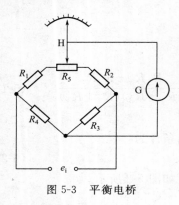

图 5-3　平衡电桥

直流电桥在不平衡条件下工作时，激励电压不稳定、环境温度变化都会引起电桥输出变化，从而产生测量误差。为此，有时也采用平衡电桥，如图 5-3 所示。当某桥臂随被测量变化使电桥失衡时，调节电位器 R_5 使电表 G 重新指零，电桥再次平衡。电位器指针 H 的指示值变化量表示被测物理量的数值。

由于指示值是在电桥平衡状态形成的，所以测量误差取决于电位器和刻度盘的精度，而与激励电源的电压稳定性等因素无关。

二、交流电桥

交流电桥的激励电压是交流电压。桥臂元件可为电阻、电感或电容，除电阻外还含有电抗，故称为阻抗。各阻抗用指数形式表示为

$$Z_1 = Z_{01}\,\mathrm{e}^{\mathrm{j}\phi_1},\quad Z_2 = Z_{02}\,\mathrm{e}^{\mathrm{j}\phi_2},\quad Z_3 = Z_{03}\,\mathrm{e}^{\mathrm{j}\phi_3},\quad Z_4 = Z_{04}\,\mathrm{e}^{\mathrm{j}\phi_4}$$

式中　Z_{0i}——各阻抗的模；

　　　ϕ_i——阻抗角，即各臂电流与电压的相位差，桥臂元件为纯电阻时 $\phi_i = 0$，电流与电压相同，桥臂元件为电感性阻抗时 $\phi_i > 0$，桥臂元件为电容性阻抗时，$\phi_i < 0$。

交流电桥的平衡条件为

$$Z_1 Z_3 = Z_2 Z_4 \tag{5-7}$$

即

$$Z_{01} Z_{03}\,\mathrm{e}^{\mathrm{j}(\phi_1 + \phi_3)} = Z_{02} Z_{04}\,\mathrm{e}^{\mathrm{j}(\phi_2 + \phi_4)} \tag{5-8}$$

也可写为

$$\begin{cases} Z_{01} Z_{03} = Z_{02} Z_{04} \\ \phi_1 + \phi_3 = \phi_2 + \phi_4 \end{cases} \tag{5-9}$$

式（5-9）表明，两相对桥臂阻抗之模的乘积相等，且它们的阻抗角之和也相等时，交流电桥才能够平衡。

为满足上述平衡条件，常用交流电桥各桥臂可有如下的组合方式。

① 如果相邻两臂接入电阻，则另两臂应接入性质相同的阻抗。例如，Z_1、Z_2 是电阻，则 Z_3 和 Z_4 应同为电感性或者同为电容性阻抗。

② 如果相对两臂接入电阻，则另两臂应接入性质不同的阻抗。例如，Z_1 和 Z_3 是电阻，Z_2 若为电容，则 Z_4 就应为电感，或者相反。

③ 各桥臂均接入电阻性元件。

图 5-4 为一种常用的电容电桥，两相邻桥臂为纯电阻 R_2 和 R_3，另外相邻两臂为电容 C_1 和 C_4，R_1 和 R_4 可视为电容介质损耗的等效电阻。电桥平衡时，有

$$\left(R_1 + \frac{1}{\mathrm{j}\omega C_1}\right) R_3 = \left(R_4 + \frac{1}{\mathrm{j}\omega C_4}\right) R_2$$

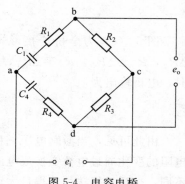

图 5-4　电容电桥

$$R_1 R_3 + \frac{R_3}{j\omega C_1} = R_2 R_4 + \frac{R_2}{j\omega C_4}$$

由此可得该电容电桥的两个平衡条件，即

$$R_1 R_3 = R_2 R_4 \qquad (5\text{-}10)$$

$$\frac{R_3}{C_1} = \frac{R_2}{C_4} \qquad (5\text{-}11)$$

可见，必须同时调节电阻和电容两个参数才能使电容电桥平衡。

图 5-5 所示为一种常用的电感电桥，两相邻桥臂分别为电感 L_1 和 L_4 与电阻 R_2 和 R_3，而 R_1 和 R_4 可视为电感线圈损耗的等效电阻。电桥平衡时，有

$$(R_1 + j\omega L_1)R_3 = (R_4 + j\omega L_4)R_2$$

$$R_1 R_3 + j\omega L_1 R_3 = R_2 R_4 + j\omega L_4 R_2$$

于是可得电感电桥的电阻与电感的平衡条件为

$$R_1 R_3 = R_2 R_4 \qquad (5\text{-}12)$$

$$L_1 R_3 = L_4 R_2 \qquad (5\text{-}13)$$

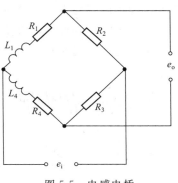

图 5-5　电感电桥

显而易见，对于电容或电感电桥，除电阻平衡外，还要达到电容或电感平衡。

纯电阻交流电桥的桥臂元件均为电阻性元件，但由于导线分布电容的影响，在激励电压频率较高时不能忽略不计，结果相当于在桥臂上并联一个电容，如图 5-6 所示。因此，除电阻平衡外，还必须进行电容平衡。图 5-7 为具有电阻平衡和电容平衡装置的纯电阻交流电桥。图中 R_3 和 C_2 分别为电阻和电容平衡调节器。

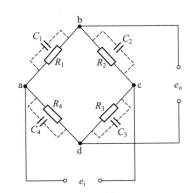

图 5-6　交流电阻电桥的分布电容

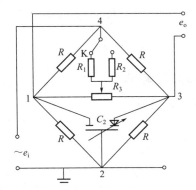

图 5-7　具有电阻、电容平衡装置的交流电阻电桥

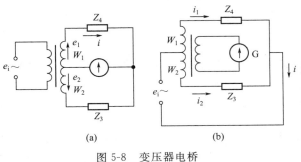

(a)　　　　　　(b)

图 5-8　变压器电桥

图 5-8 所示两种变压器电桥中 W_1 和 W_2 为差动变压器式电感传感器的电感线圈，它们与另外两个固定阻抗元件 Z_3、Z_4 接成桥式电路。变压器电桥以变压器原绕组与副绕组之间的耦合方式引入激励电压或形成电桥输出。与普通交流电桥相比，变压器电桥具有精度、灵敏度较高和性能稳定等优点。

第三节　调制与解调

经过传感器变换后，被测信号一般都需要进行交流放大，以便进行传输、运算等后续处理。交流放大器不适于进行缓变信号的放大；直流放大器虽然可以进行此类信号的直接放大，但存在零漂和级间耦合等问题，造成信号失真。而交流放大器具有良好的抗零漂性能，因此常采用调制的方法先将缓变信号变换成频率适当的交流信号，然后用交流放大器放大。最后经过传输、处理后，再使原缓变信号恢复原样。这种变换称为调制与解调。

调制是指利用被测的低频缓变信号控制、调节高频振荡信号的某个参数（幅值、频率或

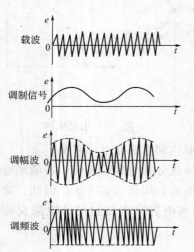

图 5-9　载波、调制信号和已调波

相位），使其按照被测的低频缓变信号的规律变化。当被控制的量是高频振荡信号的幅值时，称为幅值调制或调幅（AM）；当被控制的量是高频振荡信号的频率时，称为频率调制或调频（FM）；当被控制的量是高频振荡信号的相位时，称为相位调制或调相（PM）。高频振荡信号称为载波；控制高频振荡信号的低频缓变信号称为调制信号；调制后的高频振荡信号称为已调波或者已调制信号。调制信号、载波和已调波如图 5-9 所示。

解调是指从已调制信号中恢复出原低频调制信号的过程。调制与解调是一对相反的信号变换过程，在工程上经常结合在一起使用。

交流电阻电桥实际上就是一种幅值调制器。一些电容、电感类传感器将被测物理量的变化转换为频率的变化，即采取了频率调制。

调制与解调技术还广泛应用于信号的远距离传输方面。

一、调幅与解调

1. 调幅原理

幅值调制是将一个高频载波信号与被测信号（调制信号）相乘，使高频信号的幅值随被测信号的变化而变化。如图 5-10 所示，$x(t)$ 为被测信号，$y(t)$ 为高频载波信号；$y(t)=\cos 2\pi f_0 t$，则调制器输出的已调制信号为 $x(t)$ 与 $y(t)$ 的乘积，即

$$x_{\mathrm{m}}(t)=x(t)\cos 2\pi f_0 t \qquad (5\text{-}14)$$

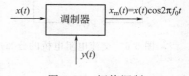

图 5-10　幅值调制

当调制信号 $x(t)$ 的极性改变时，调幅波的极性也发生相应的变化。

前节所述的交流电桥是一种最简单的调幅装置，其输出为调幅波。性能良好的线性乘法器、霍尔元件等均可作为调幅装置。

2. 调幅波的频谱

由傅里叶变换的性质可知，若两个信号在时域相乘，则它们的频谱函数进行卷积，即

$$F[x(t)y(t)]=X(f)*Y(f)$$

设载波信号是频率为 f_0 的余弦信号，则

$$F[\cos 2\pi f_0 t] = \frac{1}{2}\delta(f-f_0) + \frac{1}{2}\delta(f+f_0) \tag{5-15}$$

则调幅波的频谱为

$$F[x(t)\cos 2\pi f_0 t] = \frac{1}{2}X(f)*\delta(f-f_0) + \frac{1}{2}X(f)*\delta(f+f_0) \tag{5-16}$$

即调幅波的频谱相当于原信号频谱幅值减半，然后平移到载波频谱的一对脉冲谱线处，如图 5-11 所示。

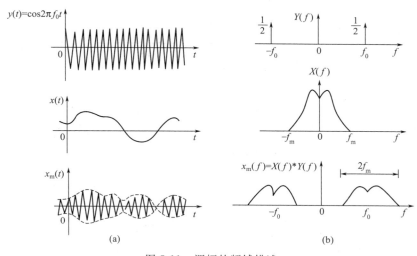

图 5-11 调幅的频域描述

3. 调幅信号的解调方法

幅值调制的解调有多种方法，常用的有同步解调、整流检波和相敏检波。

（1）同步解调

若将调幅波与原载波信号再次相乘，即再次进行频谱"搬移"，其结果如图 5-12 所示。再用低通滤波器滤除高频成分，得到原信号的频谱，仅其幅值减小一半。若通过放大器使该频谱完全恢复原样，则由此解除调制，复现原信号。此处理即为解调，由于载波与解调时所使用的信号具有相同的频率和相位，故称为同步解调，即

$$x(t)\cos 2\pi f_0 t \cos 2\pi f_0 t = \frac{1}{2}x(t) + \frac{1}{2}x(t)\cos 4\pi f_0 t \tag{5-17}$$

由此可知，载波频率 f_0 必须高于调制信号频带的最高频率 f_{max}。这样，可使频谱不产生混叠，从而减小时域波形失真。但是，载波频率受电路截止频率等因素的约束，不可过高，通常取截止频率十倍或数十倍于调制信号频带的最高频率 f_{max}。

同步解调要求有线性良好的乘法器件，否则将引起信号失真。

（2）整流检波

整流检波也称为包络检波。当调制信号不发生极性变化时，调幅波的包络线具有原调制信号波形形状，如图 5-13 所示。对该调幅波进行整流（半波或全波整流）和低通滤波处理就能复现原调制信号。不满足上述要求的调制信号，可以先进行直流偏置，叠加一个直流分量 A，使偏置后的信号无极性变化，再进行调幅及解调处理。解调后准确地消除偏置的直

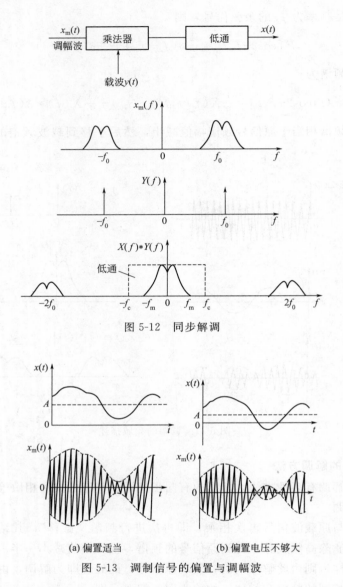

图 5-12 同步解调

(a) 偏置适当   (b) 偏置电压不够大

图 5-13 调制信号的偏置与调幅波

流分量，即可复现原调制信号。

若所加直流偏置信号不能使调制信号幅值变化位于零位的同一侧，则对调幅之后的波形只进行简单的整流检波，不能恢复原调制信号。这种情况下，可以采用相敏检波技术解决这一问题。

（3）相敏检波

相敏检波器是一种能够按照调幅波与载波相位差判别调制信号极性的解调器。采用相敏检波时，对调制信号不必再加直流偏置。相敏检波利用交变信号在过零位时正、负极性发生突变，使调幅波的相位（与载波比较）也相应地发生 $180°$ 的相位跳变，这样便既能反映出原调制信号的幅值，又能反映其极性。

图 5-14 所示为常用的二极管相敏检波器与调制信号 $x(t)$、载波 $y(t)$、调幅波 $x_m(t)$ 等波形。设计规定两个变压器 A 和 B 的副边电压 $e_{BF} > e_{AF}$。

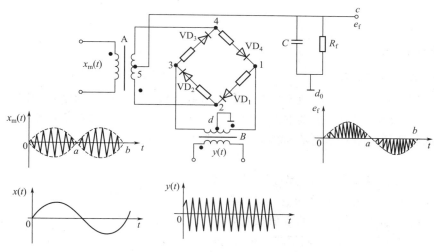

图 5-14　环形二极管相敏检波器

调制信号 $x(t)>0$ 时，调幅波 $x_\mathrm{m}(t)$ 与载波 $y(t)$ 同相位，如图 5-14 中 $0\sim a$ 段所示。在载波的正半周时，二极管 VD_1 导通，电流的流向为 $d-1-\mathrm{VD}_1-2-5-c-R_\mathrm{f}-d_0$；在载波的负半周时，由于调幅波与载波相位相同，变压器 A 和 B 的极性同时变成与载波正半周时相反的状态，此时，二极管 VD_3 导通，电流的流向为 $d-3-\mathrm{VD}_3-4-5-c-R_\mathrm{f}-d_0$，但电流流过负载 R_f 的方向与载波正半周时的电流流向相同。这样，相敏检波器使调幅波的 $0\sim a$ 段均为正。

调制信号 $x(t)<0$ 时，调幅波 $x_\mathrm{m}(t)$ 与载波 $y(t)$ 相位相反，如图 5-14 中 $a\sim b$ 段所示。此时，当载波为正时，变压器 B 的极性如图 5-14 所示，变压器 A 的极性与图 5-14 所示相反。此时二极管 VD_2 导通，电流的流向为 $5-2-\mathrm{VD}_2-3-d-R_\mathrm{f}-c-5$；当载波为负时，二极管 VD_4 导通，电流的流向为 $5-4-\mathrm{VD}_4-1-d-R_\mathrm{f}-c-5$。无论载波为正或为负，流过负载 R_f 的电流方向与前述调制信号 $x(t)>0$ 时的电流相反。

由此可知，相敏检波器利用调幅波与载波之间的相位关系进行检波，使检波后波形包络线与调制信号波形相似，经过低通滤波后可得调制信号。

动态电阻应变仪（图 5-15）可作为电桥调幅与相敏检波的典型实例。电桥由振荡器供给等幅高频振荡电压（一般频率为 10kHz 或 15kHz）。被测量（应变）通过电阻应变片

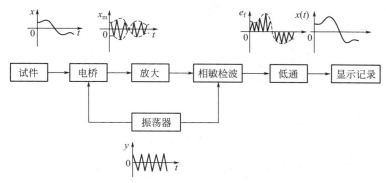

图 5-15　Y6D-3 型动态电阻应变仪方框图

调制电桥输出，电桥输出为调幅波，经过放大，再经过相敏检波与低通滤波即可得到被测信号。

二、调频与解调

1. 频率调制的基本概念

调频是利用调制信号的幅值变化控制和调节载波信号的频率。通常，调制是由一个振荡频率可控的振荡器来完成。振荡器的输出即为振荡频率与调制信号幅值成正比的等幅波，即调频波。调频波的频率有一定的变化范围，其瞬时频率可表示为

$$f = f_0 \pm \Delta f$$

式中　f_0——载波频率，或称为调频波中心频率；

　　　Δf——频率偏移，或称为调频波的频偏。

调频波的频偏与调制信号的幅值成比例。当调制信号 $x(t) = 0$ 时，调频波的频率等于其中心频率；当 $x(t) > 0$ 时，调频波频率升高；当 $x(t) < 0$ 时，调频波频率降低（图 5-16）。

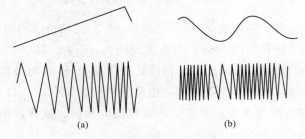

(a)　　　　　　　　　(b)

图 5-16　调频波与调制信号

2. 调频原理

频率调制一般用振荡电路来实现，如 LC 振荡电路、变容二极管调制器、压控振荡器等。

如图 5-17 所示，电容（或电感）的变化将使调频振荡器的振荡频率发生相应的变化。谐振频率为

$$f = \frac{1}{2\pi\sqrt{LC}} \tag{5-18}$$

对式（5-18）进行微分，得

$$\frac{\mathrm{d}f}{\mathrm{d}C} = -\frac{f}{2C} \tag{5-19}$$

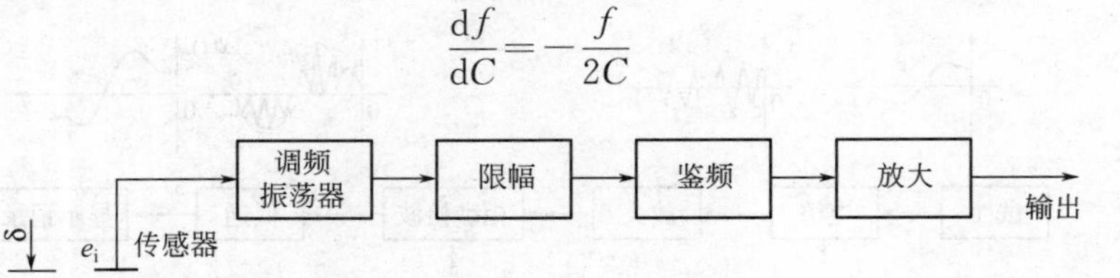

图 5-17　调频式测试装置

设当电容量为 C_0 时，振荡器频率为 f_0，且电容量变化 $\Delta C \ll C_0$，则 ΔC 引起的频率偏移为

$$\Delta f = -\frac{f_0 \Delta C}{2C_0}$$

则电容调谐调频器的频率为

$$f = f_0 \pm \Delta f = f_0\left(1 \mp \frac{\Delta C}{2C_0}\right) \qquad (5\text{-}20)$$

3. 调频信号的解调

调频信号的解调又称为鉴频，是将频率变化的等幅调频波，按照其频率变化复现调制信号波形的变化。一般采用鉴频器和锁相环解调器，前者结构简单，在测试技术中常用，而后者解调性能优良，但结构复杂，一般用于要求较高的场合，如通信机等。此处介绍一种振幅鉴频器，其原理及频率-幅值变换如图 5-18 所示。L_1、L_2 是耦合变压器的原副边线圈，分别与 C_1、C_2 组成并联谐振回路。调频波 e_f 经过 L_1、L_2 耦合，加在 L_2C_2 谐振回路上，在它的两端获得如图 5-18(b) 所示的频率-电压特性曲线。当调频波频率 f 等于并联谐振回路的固有频率 f_n 时，e_a 有最大值；当 f 值偏离回路固有频率 f_n 时，则 e_a 值下降。e_a 的频率虽然与 e_f 的频率一致，但幅值却是随 f 的变化而变化。在特性曲线近似直线段中，电压 e_a 与频率变化基本呈线性关系。因此，使调频波的中心频率 f_0 处于该近似直线段的中心，从而使调频波的振幅随其频率高于（或低于）中心频率 f_0 而增大（或减小），成为调频-调幅波。经过线性变换后，调频-调幅波再经过幅值检波、低通滤波后可实现解调，复现调制信号。

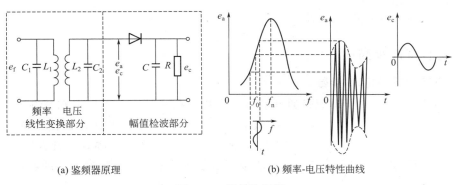

(a) 鉴频器原理　　　　　　　　　　(b) 频率-电压特性曲线

图 5-18　振幅鉴频器

第四节　滤　波　器

被测信号通常是由多个频率分量组合而成的，而且在检测中得到的信号除包含有效信息外，还含有噪声和不希望得到的成分，从而导致信号的畸变与失真。因此，必须采用适当的电路选择性地过滤掉不希望的成分或噪声。滤波和滤波器便是实现上述功能的手段和装置。

滤波是指让被测信号中的有效成分通过而其中不需要的成分抑制或衰减的过程。滤波器是频谱分析和滤除干扰噪声的频率选择装置，广泛应用于各种自动检测、自动控制中。本节重点介绍常用滤波器的原理与应用。

根据滤波器的选频特性，一般可将滤波器分为低通滤波器、高通滤波器、带通滤波器、带阻滤波器四种类型，其幅频特性曲线如图 5-19 所示，其中虚线为理想滤波器的幅频特性。

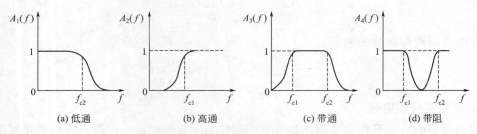

图 5-19　四类滤波器的幅频特性曲线

低通滤波器：通带 $0 \sim f_{c2}$ 内，信号各频率成分无衰减地通过滤波器，高于 f_{c2} 的频率成分受阻止。

高通滤波器：与低通滤波器相反，$f_{c1} \sim \infty$ 为其通带。频率低于 f_{c1} 的带外低频成分不能通过滤波器。

带通滤波器：通带为 $f_{c1} \sim f_{c2}$，其他频率范围均为阻带。信号中频率处于通带内的成分可以通过；阻带内的频率成分受到阻止，不能通过带通滤波器。

带阻滤波器：与带通滤波器互补，其阻带为 $f_{c1} \sim f_{c2}$。

滤波器还有其他分类方法。例如，根据构成元件的类型，可分为 RC、LC 或者晶体谐振滤波器等；根据所用电路，可分为有源滤波器和无源滤波器；也可按照工作对象，分为模拟滤波器和数字滤波器等。

这里只介绍模拟滤波器的有关问题。

一、滤波器特性及描述

1. 实际滤波器的基本参数

如图 5-20 所示，对于理想带通滤波器只需规定截止频率就可以得知其性能，但实际滤波器却要复杂得多。由于其特性曲线无明显的转折点，故两截止频率之间的幅频特性并非常数。因此，必须用更多参数来描述实际滤波器的特性。其中，带通滤波器比较典型，下面重点介绍实际带通滤波器的主要参数。

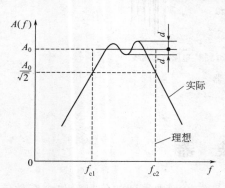

图 5-20　带通滤波器的幅频特性

（1）纹波幅度 d

在一定频率范围内，实际滤波器的幅频特性可能有波动和变化。d 为幅频特性的最大波动值。一个优良的滤波器，d 与 A_0 相比，应远远小于 $-3\mathrm{dB}$，即 $d \ll A_0 / \sqrt{2}$。

（2）截止频率

截止频率是指幅频特性值等于 $A_0 / \sqrt{2}$ 时所对应的频率点（图 5-20 中的 f_{c1} 和 f_{c2}）。以 A_0 为参考值，$A_0 / \sqrt{2}$ 对应 $-3\mathrm{dB}$，所以该截止频率又被称为 $-3\mathrm{dB}$ 频率。若以信号的幅值平方表示信号功率，则截止频率对应的点正好是半功率点。

（3）带宽 B 和中心频率 f_0

带通滤波器上、下两截止频率之间的频率范围为通频带带宽，或 $-3\mathrm{dB}$ 带宽，记为 $B =$

$f_{c2}-f_{c1}$（Hz）。带宽决定着滤波器分离信号中相邻频率成分的能力——频率分辨率。

滤波器的中心频率 f_0 是指上、下两截止频率的几何平均值，即 $f_0=\sqrt{f_{c1}f_{c2}}$。它表示滤波器通频带在频率域的位置。

（4）选择性

实际滤波器的选择性是一个特别重要的性能指标。过渡带的幅频特性曲线的斜率表明其幅频特性衰减的能力。过渡带内幅频特性衰减越快，对通频带外频率成分的衰减能力就越强，滤波器选择性就越好。描述选择性的参数有如下两个。

① 倍频程选择性　上截止频率 f_{c2} 与 $2f_{c2}$ 之间，或者下截止频率 f_{c1} 与 $f_{c1}/2$ 之间为倍频程关系。频率变化一个倍频程时，过渡带幅频特性的衰减量称为滤波器的倍频程选择性，以 dB 表示。显然，衰减越快，选择性越好。

② 滤波器因数　滤波器幅频特性的 -60dB 带宽与 -3dB 带宽之比称为滤波器因数，用 λ 表示，即

$$\lambda=\frac{B_{-60\text{dB}}}{B_{-3\text{dB}}}$$

理想滤波器的 $\lambda=1$，常用滤波器的 $\lambda=1\sim5$。显然 λ 越接近 1，其选择性越好。由于理想滤波器具有矩形幅频特性，所以滤波器因数 λ 又称为矩形系数。

（5）品质因数

带通滤波器的中心频率 f_0 与带宽 B 之比称为滤波器的品质因数，也称为 Q 值，即

$$Q=\frac{f_0}{B}$$

Q 值越高，选择性越好。例如，若中心频率 $f_{01}=f_{02}=500$Hz 的两个带通滤波器。$Q_1=50$，$Q_2=25$，则滤波器 1 的带宽 $B_1=10$Hz，另一个为 $B_2=20$Hz。由于滤波器 1 的频率分辨率比滤波器 2 高一倍，所以其选择性优于滤波器 2。

2. RC 滤波器的基本特性

RC 滤波器是测试装置中应用最广泛的一种滤波器。这里，以线性常系数 RC 滤波器为例讨论实际滤波器的基本特性。

（1）RC 低通滤波器

RC 低通滤波器的电路及其幅频特性、相频特性曲线如图 5-21 所示。其中，输入信号为 e_i，输出信号为 e_o。电路的微分方程、频率响应、幅频特性、相频特性分别为

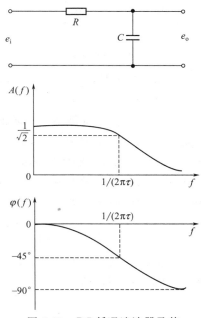

$$RC\frac{\mathrm{d}e_o(t)}{\mathrm{d}t}+e_o(t)=e_i(t) \tag{5-21}$$

$$H(\mathrm{j}\omega)=\frac{1}{1+\mathrm{j}\omega\tau} \tag{5-22}$$

$$A(\omega)=\frac{1}{\sqrt{1+\omega^2\tau^2}} \tag{5-23}$$

$$\varphi(\omega)=-\arctan(\omega\tau) \tag{5-24}$$

图 5-21　RC 低通滤波器及其幅频和相频特性

式中　τ——时间常数，$\tau=RC$。

当 $\omega \ll 1/(RC)$ 时，信号几乎不受衰减地通过滤波器，此时幅频特性等于1，相频特性近似于一条通过原点的直线，即 $\varphi(\omega) \approx -\omega\tau$。因此，可以认为，在此种情况下 RC 低通滤波器是不失真的传输系统。

当 $\omega = 1/(RC) = 1/\tau$ 时，幅频特性值为 $1/\sqrt{2}$，即

$$f_{c2} = \frac{1}{2\pi RC} \tag{5-25}$$

可见，改变 RC 参数就可以改变 RC 低通滤波器的截止频率。

可以证明，RC 低通滤波器在 $\omega \gg 1/\tau$ 的情况下，输出 e_o 与输入 e_i 的积分成正比，即

$$e_o(t) = \frac{1}{RC}\int e_i(t)\,\mathrm{d}t$$

此时，它对通频带外的高频成分衰减率仅为 $-6\mathrm{dB}/$倍频程（或 $-20\mathrm{dB}/10$ 倍频程）。

（2）RC 高通滤波器

图5-22所示为 RC 高通滤波器电路及其幅频特性、相频特性曲线。其微分方程、频率响应、幅频特性、相频特性分别为

$$e_o(t) + \frac{1}{RC}\int e_o(t)\,\mathrm{d}t = e_i(t) \tag{5-26}$$

$$H(\mathrm{j}\omega) = \frac{\mathrm{j}\omega\tau}{1+\mathrm{j}\omega\tau} \tag{5-27}$$

$$A(\omega) = \frac{\omega\tau}{\sqrt{1+\omega^2\tau^2}} \tag{5-28}$$

$$\varphi(\omega) = \arctan\frac{1}{\omega\tau} \tag{5-29}$$

当 $\omega \gg 1/\tau$ 时，$A(\omega) \approx 1$，$\varphi(\omega) \approx 0$，$RC$ 高通滤波器可视为不失真的传输系统。滤波器的截止频率为

$$f_{c1} = \frac{1}{2\pi RC}$$

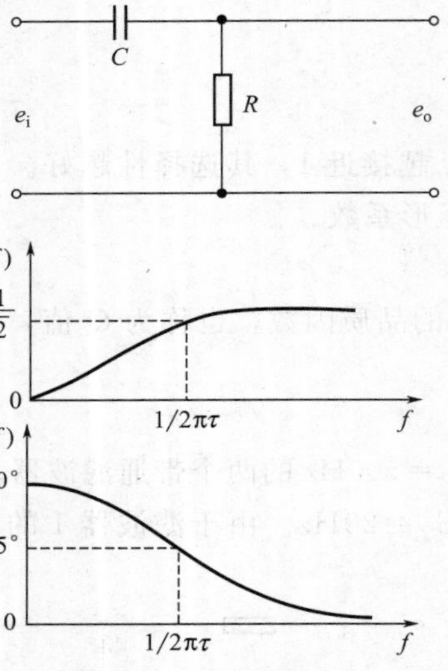

图 5-22 RC 高通滤波器及其幅频和相频特性

当 $\omega \ll 1/\tau$ 时，高通滤波器的输出 e_o 与输入 e_i 的微分成正比，起着微分器的作用。

（3）RC 带通滤波器

上述一阶高通滤波器与一阶低通滤波器，在一定条件下级联而成的电路，可视为 RC 带通滤波器的最简单的结构，如图5-23所示。当 $R_2 \gg R_1$ 时，低通滤波器对前面的高通滤波器影响极小。因此，可把带通滤波器的频率响应看成高通滤波器与低通滤波器频率响应的乘积，即

$$H(\mathrm{j}\omega) = \frac{\mathrm{j}\omega\tau_1}{(1+\mathrm{j}\omega\tau_1)(1+\mathrm{j}\omega\tau_2)} \tag{5-30}$$

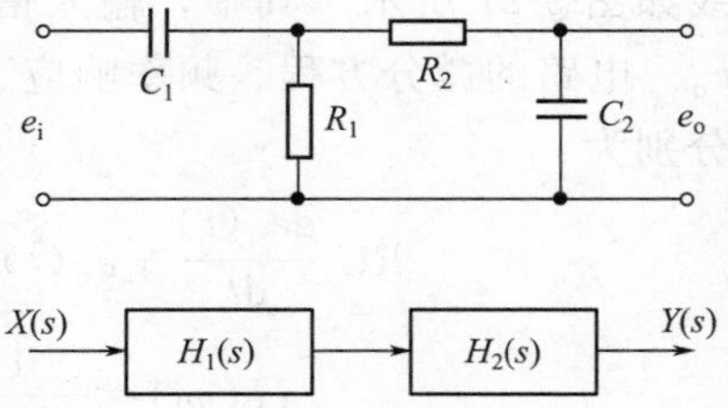

图 5-23 RC 带通滤波器

串联所得的带通滤波器以原高通滤波器的截止频率为其下截止频率，即

$$f_{c1} = \frac{1}{2\pi R_1 C_1} = \frac{1}{2\pi\tau_1}$$

其上截止频率为原低通滤波器的截止频率，即

$$f_{c2} = \frac{1}{2\pi R_2 C_2} = \frac{1}{2\pi \tau_2}$$

3. RC 有源滤波器

低阶无源滤波器的选择性主要取决于滤波器传递函数的阶次。无源 RC 滤波器串联虽然可以提高阶次，但受级间耦合影响，其效果将是递减的，而信号的幅值也将逐级减弱。为此，常采用有源滤波器。

将滤波网络与运算放大器结合是构造有源滤波器电路的基本方法。运算放大器既可消除级间耦合对特性的影响，又可起信号放大作用。RC 网络通常作为运算放大器的负反馈网络。

低通和高通滤波器、带通和带阻滤波器正好是"互补"的关系。若在运算放大器的负反馈回路中接入高通滤波器，则得到有源低通滤波器；若用带阻网络作负反馈，可得到带通滤波器，反之亦然。这里仅以有源低通滤波器为例说明有源滤波器的构成方法及特点。

图 5-24 所示为一阶有源 RC 低通滤波器的两种基本电路。图 5-24(a) 是将一阶无源 RC 低通滤波器接在运算放大器的正输入端，图中 R_F 为负反馈电阻，R_F 与 R_1 决定运算放大器的工作状态。显然，这种接法的截止频率只取决于 RC，即 $f_c = 1/(2\pi RC)$，其放大倍数 $K = 1 + R_F/R_1$。图 5-24(b) 中，C 与 R_1 对输出端来说是高通无源滤波器，起负反馈作用。由此构成的有源低通滤波器，其截止频率与负反馈电阻、电容有关，即 $f_c = 1/(2\pi R_1 C)$，放大倍数 $K = R_F/R_1$。

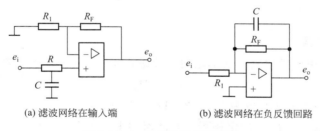

(a) 滤波网络在输入端　　　　(b) 滤波网络在负反馈回路

图 5-24　一阶有源低通滤波器

一阶有源滤波器对选择性虽然并无改善，但为通过环节串联提高滤波器的阶次提供了条件。图 5-25 是二阶低通滤波器，其高频衰减率为 $-12\text{dB}/$倍频程。可以看出，图 5-25(a) 是由 $R_1 C_1$ 组成的无源 RC 低通滤波器与如图 5-24(b) 所示一阶 RC 有源低通滤波器的组合；图 5-25(b) 中反馈电阻 R_F 形成多路负反馈形式，以削弱 R_F 在调谐频率附近的负反馈作用，使其滤波器特性更接近理想的低通滤波器。

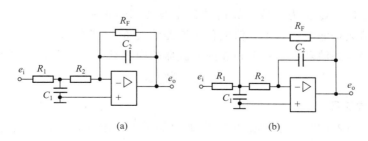

(a)　　　　　　　　　　(b)

图 5-25　二阶有源低通滤波器

二、实际滤波器的应用

工程中为得到特殊的滤波效果，常将不同的滤波器或者滤波器组件进行串联和并联。

将两个具有相同中心频率的（带通）滤波器串联，其总的幅频特性等于两个滤波器幅频特性的乘积，使通频带外的频率成分有更大的衰减，加强了滤波效果，高阶滤波器就是由低阶滤波器串联而成的。但是，由于串联系统的相频特性是各个环节相频特性的相加，因此将增加相位的变化，在使用中需要加以注意。

滤波器并联常用于信号的频谱分析和信号中特定频率成分的提取。使用时将被分析的信号通入一组具有相同增益但中心频率不同的滤波器，从而各个滤波器的输出反映了信号中所含的各个频率成分。可以有两种不同的组合方式。一种方法是采用中心频率可调的带通滤波器，通过改变滤波器的 RC 参数来改变其中心频率，使之跟随所要分析的信号频率范围。由于在调节中心频率时，一般不希望改变滤波器的增益或者是品质因数 Q 等参数，因此这种滤波器中心频率的调节范围是有限的，使其使用受到了限制。另一种方法是采用一组由多个各自中心频率确定、频率范围遵循一定规律相互连接的滤波器。为使各带通滤波器的带宽覆盖整个分析的频带，各滤波器通带应相互邻接，即前一个滤波器的上截止频率等于后一个滤波器的下截止频率，从而不致使信号中的频率成分"丢失"，为此，滤波器的中心频率和带宽都有相应的规定，并已形成标准。

根据带宽与中心频率的关系，通常把滤波器分为恒带宽滤波器和恒带宽比滤波器两种。前者的带宽 B 不随中心频率的变化而变化；后者具有相同的 Q 值，滤波器的中心频率越高，其带宽就越大。

1. 倍频程滤波器

为了方便，常用倍频程表示频率范围。带通滤波器的上、下截止频率可表示为

$$f_{c2} = 2^n f_{c1} \tag{5-31}$$

式中　n——倍频程数；n 常取为 1、1/3、1/5、1/10 等。

若 $n=1$，则称 f_{c2} 为 f_{c1} 的倍频程。滤波器的中心频率 f_0 为

$$f_0 = \sqrt{f_{c1} f_{c2}} \tag{5-32}$$

带宽 $B = f_{c2} - f_{c1}$ 为一定倍频程数的带通滤波器统称为倍频程滤波器。倍频程滤波器和 1/3 倍频程滤波器的应用较多。

由式(5-31) 和式(5-32) 可得

$$Q = \frac{f_0}{B} = \frac{f_0}{(2^{\frac{n}{2}} - 2^{-\frac{n}{2}}) f_0} = \frac{1}{2^{\frac{n}{2}} - 2^{-\frac{n}{2}}} \tag{5-33}$$

当 n 值一定时，Q 值为常数，故倍频程滤波器都是恒带宽比带通滤波器。这类滤波器中，最常用的倍频程滤波器和 1/3 倍频程滤波器的 Q 值分别为 1.41 和 4.33。

邻接式倍频程滤波器中，两个相邻的滤波器的中心频率应具有如下关系：

$$f_{02} = 2^n f_{01} \tag{5-34}$$

2. 恒带宽滤波器

恒带宽比滤波器的带宽随中心频率 f_0 数值的增大而增大，致使带宽过大、频率分辨能力过差，无法分离频率值接近的成分。

　　为使滤波器在所有频段都具有同样优良的频率分辨率，需要采用恒带宽滤波器。图 5-26 所示为恒带宽比滤波器和恒带宽滤波器特性的对比。为了方便，图 5-26 中用理想的矩形特性表示滤波器的带宽与中心频率的关系。

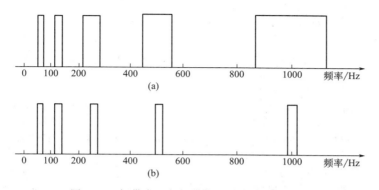

图 5-26　恒带宽比与恒带宽滤波器带宽的比较

　　实际使用的恒带宽滤波器，其带宽有时可以很窄，例如 0.5～1Hz。这样，如果需要覆盖很宽的频率范围，邻接式滤波器中滤波器数量就很大。因此，恒带宽滤波器不宜做成中心频率固定的。

　　常用的恒带宽滤波器有两种：跟踪滤波器和相关滤波器。这两种滤波器的中心频率都由参考信号控制连续调节。

　　跟踪滤波器是一种连续式恒带宽滤波器，其工作原理如图 5-27 所示。由固定频率的晶体振荡器产生正交信号 $A\sin(\Omega t+\psi)$ 和 $A\cos(\Omega t+\psi)$，分别与正交的参考信号进行乘法处理，得

$$A\sin(\Omega t+\psi)B\cos\omega t=\frac{AB}{2}\big[\sin(\Omega t+\omega t+\psi)-\sin(\omega t-\Omega t-\psi)\big] \tag{5-35}$$

$$A\cos(\Omega t+\psi)B\sin\omega t=\frac{AB}{2}\big[\sin(\Omega t+\omega t+\psi)+\sin(\omega t-\Omega t-\psi)\big] \tag{5-36}$$

两式相加后得和频信号 $(\Omega+\omega)$，称为本机信号。

$$AB\sin(\Omega t+\omega t+\psi)=AB\sin\big[(\Omega+\omega)t+\psi\big] \tag{5-37}$$

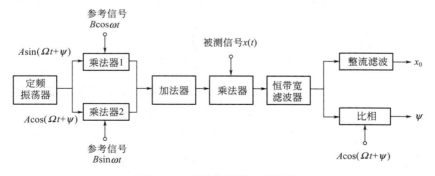

图 5-27　跟踪滤波器工作原理

　　设信号 $x(t)$ 中含有与参考信号同频的成分 $x_0\sin(\omega t+\phi)$，即

$$x(t)=x_0\sin(\omega t+\phi)+\sum x_i\sin(\omega_i t+\phi_i)+n(t) \tag{5-38}$$

式中　$n(t)$——噪声。

信号 $x(t)$ 与本机信号相乘，即

$$x(t)AB\sin[(\Omega+\omega)t+\psi]$$

$$=\frac{ABx_0}{2}\{\cos(\Omega t+\psi-\phi)-\cos[(\Omega+2\omega)t+\psi+\phi]\}+$$

$$\sum\frac{ABx_i}{2}\{\cos[(\Omega+\omega-\omega_i)t+\psi-\phi_i]-\cos[(\Omega+\omega+\omega_i)t+\psi+\phi_i]\}+$$

$$AB\sin[(\Omega+\omega)t+\psi]n(t) \tag{5-39}$$

由于恒带宽滤波器的中心频率为 Ω，其带宽很窄（一般带宽为几赫兹或者更小），所以只有频率为 Ω 的分量 $\dfrac{ABx_0}{2}\cos(\Omega t+\psi-\phi)$ 可以通过。该分量包含了信号 $x(t)$ 中与参考信号同频成分的幅值 x_0 和相角 ϕ 的信息，经过整流、滤波和比相后，就可得到 x_0 和 ϕ。如果由电压控制振荡器改变参考信号的频率，使其在很宽的频率范围内扫描，就可以依次得到信号所含频率成分的幅值和相角。

由信号理论可知，信号波形的突变处是由为数很多的频率成分合成的。如果滤除的频率成分不多，则信号波形变化不大；否则其波形突跳沿将倾斜，尖角变成圆角。滤除的分量越多，剩余成分越少，变化越显著。滤波器的带宽越窄，信号通过滤波器越慢，即滤波器的建立时间越长。带宽 B 与滤波器的建立时间 T_e 的乘积为常数，即

$$BT_e=常数$$

可见，滤波器的频率分辨率与快速响应特性之间是互相矛盾的。通过窄带滤波器提取信号的特定频率成分时，必须保证其相应的建立时间，否则就会产生谬误和假象。等待时间也无需过长，一般使 $BT_e=5\sim10$ 已经能够满足要求。若用参考信号进行频率扫描，所得结果存在误差。实际使用中，只要适当控制扫描速度，使误差减小，就可达到测试要求。

3. 各种滤波器的比较

下面举例说明滤波器带宽和分辨率的差异和效果。

图 5-28（a）所示为信号的幅值相同而频率分别为 940Hz 和 1060Hz 的谐波谱线。图 5-28（b）、（c）和（d）分别表示 1/3 倍频程滤波器、倍频程选择性为 45dB 的 1/10 倍频程滤波器和带宽为 3Hz、滤波器因数 $\lambda=4$ 的跟踪滤波器的测量结果。可知，1/3 倍频程滤波器效果

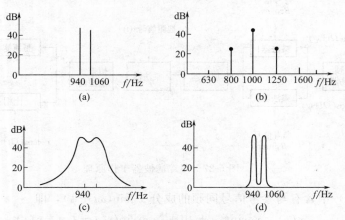

图 5-28　滤波器的比较

最差，它的带宽太大，无法分辨两个频率成分。恒带宽跟踪滤波器的带宽窄、选择性好，分析效果很好。

第五节 模拟-数字转换器

测试中的许多信号是模拟信号，如力、位移等，它们都是时间的连续变量。经过传感器变换后，代表被测量的电压或电流信号的幅值在连续时间内取连续值，称为模拟信号。

模拟信号可以直接记录、显示或存储。把模拟信号转换成数字信号，对信号记录、显示、存储、传输以及分析处理等都是非常有益的。随着计算机技术在测试领域的应用，诸如波形存储、数据采集、数字滤波和信号处理以及自动测试系统与计算机控制等，既需要进行模拟-数字转换，有时也需要把数字信号转换成模拟信号，以推动控制系统执行元件或者进行模拟记录或显示。

把模拟信号转换为数字信号的装置，称为模-数转换器，或称 A/D 转换器；反之，将数字信号转换成模拟信号的装置称为数-模转换器，或称 D/A 转换器。

现在有许多 A/D 和 D/A 集成电路芯片和各种模-数与数-模转换组件可供选用，而且其应用已相当广泛。本节将介绍 A/D 和 D/A 转换器的工作原理和应用的基本知识。

一、数-模转换器

数-模转换器是把数字量转换成电压、电流等模拟量的装置。数-模转换器的输入为数字量 D 和模拟参考电压 E，其输出模拟量 A 可表示为

$$A = DE_1 \tag{5-40}$$

式中，E_1 是数字量最低有效数位对应的单位模拟参考电压。数字量 D 是一个二进制数，其最高位（亦即最左面的一位）是符号位，设 0 代表正，1 代表负。图 5-29 中以一个四位 D/A 转换器说明其输入与输出间的关系。

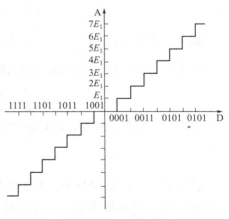

图 5-29 D/A 转换关系

数-模转换器电路形式较多，在集成电路中多采用 T 形电阻解码网络。图 5-30 是一种常见的 R-$2R$ 型 T 形电阻网络 D/A 转换原理。运算放大器接成跟随器形式，其输出电压 e_o 跟随输入电压，且输入阻抗高、输出阻抗低，起阻抗匹配作用。

开关 $S_0 \sim S_3$ 的状态由二进制数的各位 $a_0 \sim a_3$ 控制。若 $a_i = 0$，表示接地；若 $a_i = 1$，则接参考电压 E，各个开关的不同状态可以改变 T 形电阻解码网络的输出电压，亦即 e_o。

根据二进制计数表达式：

$$D = \sum_{i=0}^{n-1} a_i 2^i \tag{5-41}$$

式中 n——正整数，为二进制数的位数。

如果输入的数字量 $a_3a_2a_1a_0 = 1000$，则表示开关 S_3 接参考电压 E，其余接地。可以求

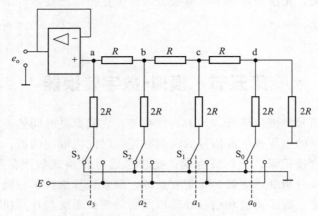

图 5-30 D/A 转换器工作原理

出，节点 a 右边的网络电阻等效值为 $2R$。由此可得，a 点电压为

$$e_a = \left(\frac{2R}{2R+2R}\right)E = \frac{1}{2}E = \frac{1}{2^1}E$$

如果输入的数字量为 $a_3a_2a_1a_0 = 0100$，则开关 S_2 接参考电压 E，其余接地。此时，b 点通过电阻 $2R$ 接参考电压 E，而且同时有左、右两组接地电阻。其左接地网络电阻为 $3R$，右接地网络电阻为 $2R$。因此，此时 e_b 和 e_a 分别为

$$e_b = \frac{(3R//2R)}{(3R//2R)+2R}E = \frac{3}{8}E$$

$$e_a = \frac{2R}{2R+R}e_b = \frac{1}{4}E = \frac{1}{2^2}E$$

同样，不难求得当 $a_3a_2a_1a_0 = 0010$ 时，$e_a = \frac{1}{2^3}E$；当 $a_3a_2a_1a_0 = 0001$ 时，$e_a = \frac{1}{2^4}E$。

由电路分析可知，如果输入的二进制数字为 $a_3a_2a_1a_0 = 1111$，则运用叠加原理可得

$$e_a = \left(\frac{1}{2}+\frac{1}{2^2}+\frac{1}{2^3}+\frac{1}{2^4}\right)E = \frac{E}{2}\left(1+\frac{1}{2}+\frac{1}{2^2}+\frac{1}{2^3}\right)$$

n 为二进制数字输入，则输出电压为

$$e_o = e_a = \frac{E}{2}\left(a_{n-1}+\frac{a_{n-2}}{2}+\frac{a_{n-3}}{2^2}+\cdots+\frac{a_1}{2^{n-2}}+\frac{a_0}{2^{n-1}}\right) \tag{5-42}$$

此式表明，D/A 转换器的输出模拟电压与输入的二进制数字量成正比。

D/A 转换器的输出电压 e_o 是采样时刻的瞬时值，在时域仍然是离散量。若要恢复原来的连续波形，还需要经过波形复原处理，一般采用保持电路来实现。如图 5-31 所示，零阶保持器是在两个采样值之间，令输出保持上一个采样值；一阶多角保持器是在两采样值间，使输出为两个采样值的线性插值。

由图 5-31 可知，如果采样频率足够高，量化增量足够小，亦即参考电压 E 一定，数字量的字长足够大，则 D/A 转换器（包括保持器）可以相当精确地复原波形。

二、模-数转换器

1. A/D 转换器

在 A/D 转换的过程中，输入的模拟信号在时间上是连续的，而输出的数字量是离散的，

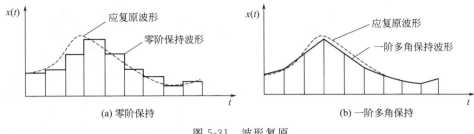

图 5-31　波形复原

所以模-数转换是在一系列选定的瞬时（即时间坐标轴上的某些规定点上）对输入的模拟信号采样，对采样值进行量化，从而转换成相应的数字量。模拟-数字转换过程如图 5-32 所示。

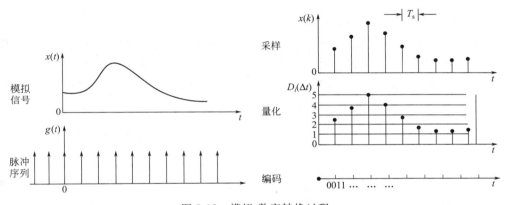

图 5-32　模拟-数字转换过程

采样是将模拟信号 $x(t)$ 和一个等间隔的脉冲序列（称为采样脉冲序列）$g(t)$ 相乘。

$$g(t) = \sum_{k=-\infty}^{\infty} \delta(t - kT_s) \tag{5-43}$$

式中　T_s——采样间隔。

由于 δ 函数的筛选性质，故采样以后只在离散点 $t = kT_s$ 处有值，即 $x(kT_s)$。离散时间信号 $x(kT_s)$ 又可表示为 $x(k)$，$k = 0, 1, 2, \cdots$。

采样后所得到的信号 $x(k)$ 为时间离散的脉冲序列，但其幅值仍为模拟量，只有经过幅值量化以后才能得到数字信号。

用一些幅值不连续的电平来近似表示信号幅值的过程称为幅值量化，然后再用一组二进制代码来描述已量化的幅值。

幅值量化的过程可以用天平称量质量 m_x 的过程来说明，如图 5-33 所示。未知质量 m_x 可以是天平称量范围内的任意数值，是一个模拟量。设 m_R 为标准单元质量（砝码），则可用已知的标准单元质量 m_R 的个数来近似表示 m_x。例如，$m_x = 10.5$g，标准单元质量 $m_R = 1$g，则最接近的近似值为 10 或者 11，如图 5-34 所示。

2. 其他 A/D 转换器

A/D 转换器有多种类型，如跟踪比较式、斜坡比较式、双积分式、逐次比较式等。这里重点介绍以下两种。

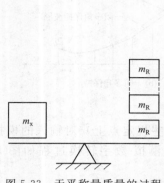

图 5-33　天平称量质量的过程

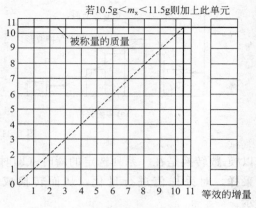

图 5-34　模拟幅值的变化

（1）双积分式 A/D 转换器

双积分式 A/D 转换器属于 $V\text{-}T$（电压-时间）变换型，它将被测电压用积分器（模拟积分器）变换成时间宽度，在这个时间内用一定频率的脉冲数来表示被测电压量值。其工作原理如图 5-35 所示。电阻 R、电容 C 与运算放大器 A 组成积分器。在初始状态，电容 C 上的电荷为零。

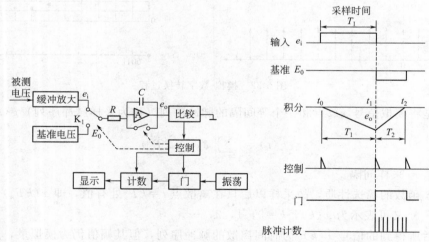

图 5-35　双积分式 A/D 转换器

整个转换过程分为两个阶段。首先，开关 K_1 接至输入，并对输入电压 e_i 进行固定时间 T_1（或称采样时间）的积分。这样，积分器输出电压 e_o 为输入电压 e_i 的积分：

$$e_o = -\frac{1}{RC}\int_{t_0}^{t_0+T_1} e_i \mathrm{d}t \tag{5-44}$$

此后，开关 K_1 接基准电压 E_0，E_0 是与 e_i 极性相反的恒定电压。这时，电容 C 上的电荷按一定速率放电，直至放完。电容 C 上的电荷放电时间 T_2（称为比较时间）与被测电压在 T_1 时间内的平均值成正比。因为在电容 C 充电结束与放电开始的 t_1 时刻，其电压相等，于是

$$e_o = -\frac{1}{RC}\int_{t_0}^{t_0+T_1} e_i \mathrm{d}t = \frac{1}{RC}\int_{t_1}^{t_1+T_2} (-E_0) \mathrm{d}t \tag{5-45}$$

设 $\overline{e_i}$ 为 e_i 在 T_1 时间内的平均值，则

$$\overline{e_i}=\frac{1}{T_1}\int_{t_0}^{t_0+T_1}e_i\mathrm{d}t \tag{5-46}$$

所以

$$\frac{\overline{e_i}T_1}{RC}=\frac{E_0T_2}{RC} \tag{5-47}$$

即

$$T_2=\frac{T_1\overline{e_i}}{E_0} \tag{5-48}$$

式(5-48)表明，积分器电容放电时间 T_2 与被测电压在 T_1 时间内的平均值 $\overline{e_i}$ 成正比。因此，如果在 T_2 时间内由比较器通过控制器发出开门与关门信号，由计数器测得在 T_2 时间内的脉冲数，就可以得到采样时间 T_1 内的电压平均值。显然，采样时间 T_1 越小，所得电压越接近瞬时值，误差越小。

这种 A/D 转换器的最大特点是抗干扰性较强。这是因为当输入电压 e_i 混有噪声时，其高频分量在积分时间 T_1 内被平均而几乎变为零。低频分量（如工频干扰）可通过使 T_1 等于电源周期或整数倍于电源周期加以消除。此外，这种 A/D 转换器的稳定性好、灵敏度高，但转换速度慢，约为 20 次/s，一般用于数字电压表中。

（2）逐次比较式 A/D 转换器

逐次比较式 A/D 转换器的工作过程类似于用天平称量质量，即用砝码的最小增量来逐次比较逼近所称质量。

逐次比较式 A/D 转换器的原理与工作过程如图 5-36 和图 5-37 所示。

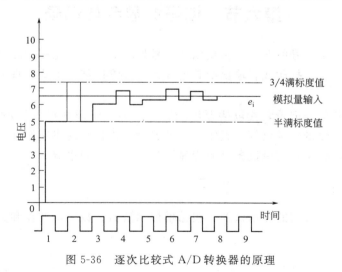

图 5-36　逐次比较式 A/D 转换器的原理

设转换器的转换数位为 8 位；模拟量输入范围为 $0\sim10\mathrm{V}$；采样后某一时刻电压的幅值 $x(kT_s)=e_i=6.6\mathrm{V}$，则其 A/D 转换过程如下。

当启动脉冲到来以后，移位寄存器清零，给时钟脉冲开门，于是开始在时钟脉冲控制下进行交换。第一个时钟脉冲使移位寄存器最高位 B_7 置"1"，其余各位仍为"0"。该二进制数字 10000000 经过数据寄存器加在 D/A 转换器上，使其输出 e_o 为满标度值的一半，即 5V，此时 $e_i>e_o$，通过电压比较和控制逻辑电路使 B_7 仍保持为"1"。当第二个时钟脉冲到来，

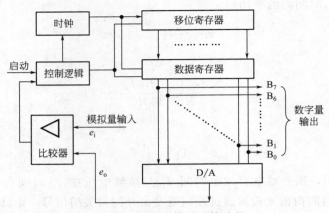

图 5-37　逐次比较逼近的过程

使次高位 B_6 置 "1"，则 D/A 输入的数字量为 11000000，其输出为 7.5V，此时 $e_i < e_o$，通过控制逻辑电路使 B_6 复位成 "0"，数字量输出端又成为 10000000 状态。第三个时钟脉冲使 B_5 置位为 "1"，对应数字量为 10100000，$e_o = 6.25V$，$e_i > e_o$，B_5 保持 "1"，数字量输出端为 10100000。如此继续，直到第八个时钟脉冲使 B_0 置 "1"，$e_o = 6.6015625V$，$e_i > e_o$，B_0 保持 "1"，数字输出为 10101001。第九个脉冲使移位寄存器溢出，表示一次 A/D 转换结束。

这种 A/D 转换器转换速度快、精度较高，应用广泛。

第六节　信号的显示与记录

前面介绍了测试信号的获取、转换以及信号处理等。一个完整的测试系统，其测量信号总是需要显示、记录、打印或者输出给其他设备，最终以某种形式体现出来，这就是测试系统的信号输出。

传统的显示和信号记录装置包括万用表、千分表、阴极射线管示波器、X-Y 函数记录仪、笔式记录仪、磁带记录仪等。近年来，随着计算机技术的飞速发展，记录与显示装置发生了根本的变化，数字式记录设备已成为显示与记录装置的主流。

一、信号的显示

示波器是测试中常用的显示仪器，包括模拟示波器、数字示波器和数字存储示波器三种类型。

1. 模拟示波器

模拟示波器以传统的阴极射线管示波器为代表，图 5-38 所示是一个典型的阴极射线管示波器原理框图。该示波器核心部分是阴极射线管，从阴极发射的电子束经水平和垂直两套偏转极板的作用，精确聚焦到荧光屏上。通常水平偏转极板上施加锯齿波扫描信号，以控制电子束自左向右的运动，被测信号施加在垂直偏转极板上时，控制电子束在垂直方向上的运动，从而在荧光屏上显示出信号的轨迹。调整锯齿波的频率可改变示波器的时基，以适应各种频率信号的测量。所以，这种示波器最常见的工作方式是显示输入信号的时间历程，即显

示 $x(t)$ 曲线。这种示波器具有频带宽、动态响应好等优点，最高可达 800MHz 带宽，可记录 1ns 左右的快速瞬变偶发波形，适合于显示瞬态、高频及低频的各种信号，目前仍在许多场合应用。

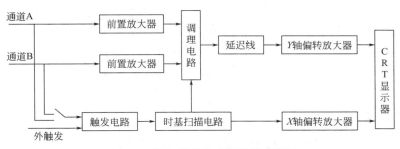

图 5-38　阴极射线管示波器原理框图

2. 数字示波器

数字示波器是随着数字电子技术与计算机技术的发展而发展起来的一种新型示波器，其原理框图如图 5-39 所示。其核心器件 A/D 转换器将被测模拟信号进行模-数转换并存储，再以数字信号方式显示。与模拟示波器相比，数字示波器具有以下优点。

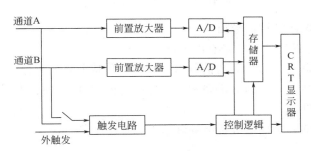

图 5-39　数字示波器原理框图

① 具有灵活的波形触发功能，可以进行负延迟（预触发），便于观测触发前的信号状况。

② 具有数据存储与回放功能，便于观测单次过程和缓慢变化的信号，也便于进行后续数据处理。

③ 具有高分辨率的显示系统，便于对各类性质的信号进行观察，可看到更多的信号细节。

④ 便于程控，实现自动测量。

⑤ 可进行数据通信。

目前，数字示波器的带宽可达到 1GHz 以上，为防止波形失真，采样频率可达到带宽的 5～10 倍。

3. 数字存储示波器

数字存储示波器原理框图如图 5-40 所示，具有与数字示波器一样的数据采集前端，即经过 A/D 转换器将被测模拟信号进行模-数转换并存储，不同的是其显示方式采用模拟方式，将已经存储的数字信号通过 D/A 转换器恢复为模拟信号，再将信号波形重现在阴极射线管或液晶显示屏上。

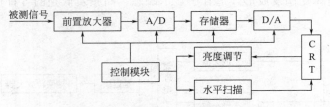

图 5-40　数字存储示波器原理框图

二、信号的记录

传统的信号记录仪器包括光线示波器、X-Y 函数记录仪、笔式记录仪、模拟磁带记录仪等。光线示波器、X-Y 函数记录仪、笔式记录仪等将被测信号记录在纸质介质上，频率响应差、分辨率低，记录长度受介质参数限制，需要通过手工方式进行后续处理，使用时有许多不便，应用逐步减少。模拟磁带记录仪可以实现多路模拟量同步存储在磁带上，但是，由于输出只能是模拟量形式，与后续信号处理仪器的接口能力较差，且输入输出之间的电平转换比较麻烦，所以应用也在减少。

近年来，信号的记录方式主要有以下三种形式。

1. 用数据采集仪器进行信号记录

用数据采集仪器进行信号记录有以下优点。

① 数据采集仪器均具有良好的信号输入前端，包括前置放大器、抗混滤波器等。

② 配置有高性能（具有高分辨率和采样速率）的 A/D 转换板卡。

③ 有大容量存储器。

④ 配置有专用的数字信号分析与处理软件。

2. 用计算机内插 A/D 卡进行数据采集与记录

计算机内插 A/D 卡进行数据采集与记录是一种经济易行的方式，它充分利用通用计算机的硬件资源（总线、机箱、电源、存储器）及系统软件，借助于插入微机或工控机内的 A/D 卡与数据采集软件相结合，完成记录任务。这种记录方式中，信号的采集速度与 A/D 卡转换速率和计算机写外存的速度有关，信号记录长度与计算机外存储器容量有关。

3. 仪器前端直接实现数据采集与记录

近年来，一些新型仪器的前端含有 DSP 模块，可以实现采集控制，将通过适调和 A/D 转换的信号直接送入前端仪器中的海量存储器（如 100G 硬盘），实现存储。这些存储的信号可通过某些接口母线由计算机调出实现后续的信号处理和显示。

5-1　已知电阻丝应变片的阻值 $R=120\Omega$，灵敏度 $S=2$，使之与阻值为 $R=120\Omega$ 的固定电阻组成电桥。供电桥电压 $e_i=3V$，并假设负载电阻为无穷大，当所测应变分别为 $\varepsilon_1=$

$2\mu\varepsilon$ 和 $\varepsilon_1=2000\mu\varepsilon$ 时，试求：①组成单臂电桥时的输出电压；②组成双臂电桥时的输出电压；③两种电桥的灵敏度。

5-2 有人在使用电阻应变仪时，发现灵敏度不够，于是，试图在工作电桥上增加电阻应变片数，以提高灵敏度。在下列情况下是否可以提高灵敏度？为什么？①半桥双臂各串联一片应变片；②半桥双臂各并联一片应变片。

5-3 已知调幅波 $x_a(t)=(100+30\cos\Omega t+20\cos3\Omega t)\cos\omega_c t$，其中，$f_c=10\mathrm{kHz}$，$f_\Omega=500\mathrm{Hz}$。试求：①$x_a(t)$ 所包含的各分量的频率及幅值；②绘制调制信号与调幅波的频谱图。

5-4 有一个 1/3 倍频程的带通滤波器，其中心频率为 $f_0=80\mathrm{Hz}$，求其上、下截止频率 f_{c1} 和 f_{c2}。

5-5 输入信号 $f(t)$ 为周期 $T=1\mathrm{ms}$、幅值为 1 的方波，低通滤波器幅频特性如图 5-41 所示，且相频特性 $\varphi(\omega)=0$，试求滤波器输出 $y(t)$ 及其频谱，绘制 $y(t)$ 波形及其频谱图。

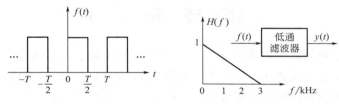

图 5-41 题 5-5 图

5-6 用电阻应变片接成全桥，测量某一构件的应变，已知其变化规律为 $\varepsilon(t)=A\cos10t+B\cos100t$，如果电桥激励电压 $e_i=E\sin10000t$，试求此电桥的输出信号频谱。

5-7 调幅波是否可以看成是载波信号与调制信号的叠加？为什么？

5-8 低通、高通、带通及带阻滤波器各有何特点？画出它们的理想幅频特性曲线。

5-9 已知低通滤波器的频率响应函数 $H(j\omega)=\dfrac{1}{1+j\omega\tau}$，式中 $\tau=0.5\mathrm{s}$，当输入信号 $x(t)=\cos10t+0.8\cos(100t+45°)$ 时，求其稳态输出信号 $y(t)$，并比较 $y(t)$ 与 $x(t)$ 的幅值和相位有何区别。

第六章

信号分析与处理

第一节　概　　述

信号分析与信号处理没有明显的界线，它们互相关联、互相渗透，有时作为同义语使用。信号可在时域和频域描述，相应的信号分析也可以归纳为时域分析和频域分析。信号的分析和处理可以用模拟信号处理系统和数字信号处理系统来实现。

测试工作的目的是获取反映被测对象的状态和特征的信息。通过测试系统得到的信号，包含丰富的有用信息。同时，由于测试系统外部和内部各种因素的影响，也夹杂着许多不需要的成分。这就需要对所测得的信号做进一步的加工、变换和运算等一系列处理。首先，应达到下列要求。

① 剔除混杂在信号中的噪声和干扰，消除测试过程中信号所受到的"污染"，即实现信噪分离。

② 削弱信号中的多余内容，将有用的部分强化，以利于从信号中提取有用的特征信息。

③ 修正波形的畸变，以得到可靠的结果。动态测试在绝大多数情况下得不到真实的波形，所以直接用未经处理和修正的波形去求测量结果，往往会产生很大误差，甚至会得出错误的结论。

信号分析与信号处理无论在理论基础还是在处理技术上都发展很快。近年来，信号分析与信号处理已经发展成为一门新兴的学科，并作为一种重要的技术工具，在各个学科的实验研究和工程技术领域都得到了广泛的应用。本章只介绍信号分析与处理的基础知识及常用的基本方法。

第二节　信号的时域分析

一、时域分解

为了从时域了解信号的性质或便于分析处理，可以从不同角度将信号分解为简单信号的分量之和。例如，图 6-1(a) 所示为 $x(t)$ 分解为直流分量 $x_D(t)$ 与交流分量 $x_A(t)$ 之

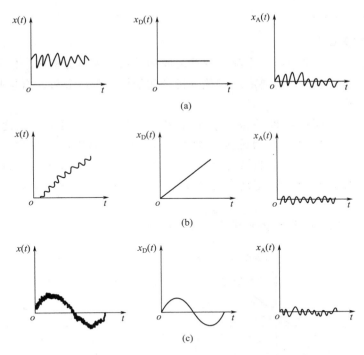

图 6-1　信号分解为直、交流分量之和

和，即

$$x(t) = x_D(t) + x_A(t) \tag{6-1}$$

在某些情况下，也可以把信号分解为一个稳态分量和交流分量之和，如图 6-1(b)、(c) 所示。稳态分量往往是一种有规律变化的量，有时称之为趋势项；而交流分量可能包含了所研究物理过程的频率、相位信息，也可能是随机噪声。

图 6-2 所示是将信号 $x(t)$ 分解为许多矩形窄脉冲之和。当矩形脉冲宽度无穷小时，信号即为脉冲分量之和。用卷积分析描述系统对任意信号 $x(t)$ 的响应时，就是利用了脉冲信号叠加的概念。

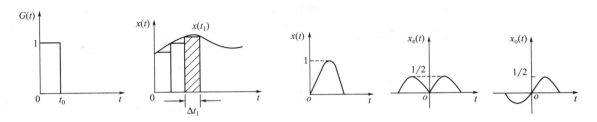

图 6-2　信号分解为矩形窄脉冲之和　　　　图 6-3　信号分解为偶、奇分量之和

此外，还可将信号分解为偶分量与奇分量之和，即

$$x(t) = x_e(t) + x_o(t) \tag{6-2}$$

偶分量 $x_e(t)$ 对称于纵坐标轴，奇分量 $x_o(t)$ 对称于坐标原点，如图 6-3 所示。

二、时域相关分析

1. 相关和相关函数

在测试技术中，无论分析两个随机变量之间的关系，还是分析两个信号或一个信号在一定时移前后之间的关系，都需要应用相关分析。例如振动测试分析、雷达测距、声发射探伤等都用到相关分析。

相关是指变量之间的线性关系。对于确定性信号来说，两个变量之间的关系可用函数来描述，两者一一对应，并为确定的数值关系。对于随机信号来说，两个随机变量虽不具有这种确定的关系，但是如果这两个变量之间具有某种内在的物理联系，通过大量的统计分析就能发现它们之间还是存在着某种虽不精确，但确有相应的、表征其特征的近似关系。

图 6-4 表示由两个随机变量 x 和 y 组成的数据点的分布情况。

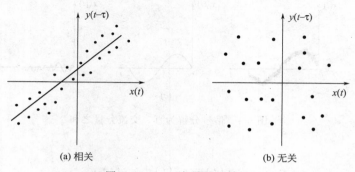

(a) 相关   (b) 无关

图 6-4　x、y 变量的相关性

图 6-4(a) 中变量 x 和 y 虽无确定关系，但从总体看，大体有某种程度的线性关系，因此说它们之间有一定的相关关系。图 6-4(b) 中各点分布很分散，可以说变量 x 和 y 之间是无关的。

相关函数描述了两个信号之间的关系，也可以描述同一信号的现在值与过去值的关系。由相关函数还可以根据一个信号的过去值、现在值来估计未来值。图 6-5 表示了 $x(t)$ 和 $y(t)$ 三组波形的相关程度。

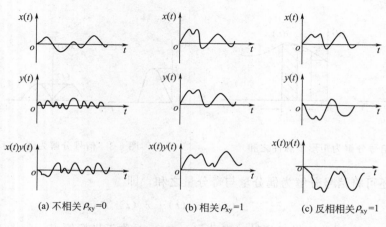

(a) 不相关 $\rho_{xy}=0$ (b) 相关 $\rho_{xy}=1$ (c) 反相关 $\rho_{xy}=1$

图 6-5　波形的相关程度分析

如何定量地衡量信号之间的相关程度呢？为了便于讨论，假定信号 $x(t)$ 和 $y(t)$ 是能量信号，并且不含直流分量。运用最小二乘准则来研究两者之间的相似程度是易于理解的。两个信号的误差能量 ε^2 可表示为

$$\varepsilon^2 = \int_{-\infty}^{\infty} [y(t) - \alpha x(t)]^2 dt \tag{6-3}$$

式中，α 是一个参数，调整它可以得到最好的近似。如果要求选择参数 α，使 ε^2 最小，则应满足

$$\frac{d\varepsilon^2}{d\alpha} = 2\int_{-\infty}^{\infty} [y(t) - \alpha x(t)][-x(t)]dt = 0$$

于是

$$\alpha = \frac{\int_{-\infty}^{\infty} y(t)x(t)dt}{\int_{-\infty}^{\infty} x^2(t)dt} \tag{6-4}$$

在这种情况下，可得误差能量

$$\varepsilon^2 = \int_{-\infty}^{\infty} \left[y(t) - x(t) \frac{\int_{-\infty}^{\infty} y(t)x(t)dt}{\int_{-\infty}^{\infty} x^2(t)dt} \right]^2 dt$$

化简得

$$\varepsilon^2 = \int_{-\infty}^{\infty} y^2(t)dt - \frac{\left[\int_{-\infty}^{\infty} y(t)x(t)dt\right]^2}{\int_{-\infty}^{\infty} x^2(t)dt} \tag{6-5}$$

令相对误差能量为

$$\frac{\varepsilon^2}{\int_{-\infty}^{\infty} y^2(t)dt} = 1 - \rho_{xy}^2 \tag{6-6}$$

式(6-6) 中

$$\rho_{xy} = \frac{\int_{-\infty}^{\infty} y(t)x(t)dt}{\left[\int_{-\infty}^{\infty} y^2(t)dt \int_{-\infty}^{\infty} x^2(t)dt\right]^{1/2}} \tag{6-7}$$

通常把 ρ_{xy} 称为 $y(t)$ 和 $x(t)$ 的相关系数。可以证明

$$|\rho_{xy}| \leqslant 1$$

进一步分析式(6-7) 可知，对于两个能量有限的信号，若它们的能量是确定的，则 ρ_{xy} 的大小由 $y(t)x(t)$ 的积分所决定。例如，图 6-5(a) 所示的 $x(t)$ 和 $y(t)$ 彼此相互独立、互不相关，则 $y(t)x(t)$ 的积分为零，即 $\rho_{xy}=0$，此时误差能量 ε^2 最大，这说明 $y(t)$ 与 $\alpha x(t)$ 是线性无关的。而图 6-5(b)、(c) 所示的两组相关和反向相关的波形，由于它们的形状完全相似，因而 $y(t)x(t)$ 的积分绝对值最大，其相关系数 ρ_{xy} 分别为 1 和 -1，此时误差能量 $\varepsilon^2=0$，这说明 $y(t)$ 与 $x(t)$ 是完全线性相关的。因此，可以用两个信号的乘积积分作为其线性相关性的一种量度。

实际中，两个信号可能产生时延 τ，这时就需要研究两个信号在时延中的相关性。因此，把相关函数定义为

$$R_{xy}(\tau) = \int_{-\infty}^{\infty} x(t)y(t+\tau)\mathrm{d}t \tag{6-8}$$

或

$$R_{yx}(\tau) = \int_{-\infty}^{\infty} y(t)x(t+\tau)\mathrm{d}t \tag{6-9}$$

显然，相关函数是两个信号之间时延 τ 的函数。

通常把 $R_{xy}(\tau)$ 或 $R_{yx}(\tau)$ 称为互相关函数。如果 $x(t)$ 和 $y(t)$ 是同一信号，则 $R_{xx}(\tau)$ 或 $R_x(\tau)$ 称为自相关函数，即

$$R_x(\tau) = R_{xx}(\tau) = \int_{-\infty}^{\infty} x(t)x(t+\tau)\mathrm{d}t \tag{6-10}$$

如果 $x(t)$ 和 $y(t)$ 为功率信号，则上述定义失去意义，通常把功率信号的相关函数定义为

$$R_x(\tau) = \lim_{T \to \infty} \frac{1}{T}\int_{-T/2}^{T/2} x(t)x(t+\tau)\mathrm{d}t \tag{6-11}$$

$$R_{xy}(\tau) = \lim_{T \to \infty} \frac{1}{T}\int_{-T/2}^{T/2} x(t)y(t+\tau)\mathrm{d}t \tag{6-12}$$

$$R_{yx}(\tau) = \lim_{T \to \infty} \frac{1}{T}\int_{-T/2}^{T/2} y(t)x(t+\tau)\mathrm{d}t \tag{6-13}$$

能量信号和功率信号相关函数的量纲不同，前者为能量，后者为功率。

2. 相关函数的性质及典型信号的自相关函数

相关函数具有以下性质。

① 自相关函数是 τ 的偶函数。互相关函数既不是 τ 的偶函数，也不是 τ 的奇函数，它满足关系式

$$R_{yx}(-\tau) = R_{xy}(\tau) \tag{6-14}$$

② 当 $\tau = 0$ 时，自相关函数具有最大值。

③ 周期信号的自相关函数仍然是同频率的周期信号，但不具有原信号的相位信息。

④ 两个同频率的周期信号的互相关函数仍然是同频率的周期信号，且保留了原信号的相位信息。

⑤ 两个非同频率的周期信号互不相关。

相关函数的这些性质在工程应用中具有重要价值。例如，利用性质③可以对由轮廓仪测量的零件表面粗糙度信号进行自相关分析。根据其周期性，判别影响表面粗糙度的因素。利用性质④，可进行雷达测距及机械系统的振源分析。利用性质⑤，可进行信号的同频检测，即在噪声背景下提取有用的信息。

典型信号的自相关函数及功率谱密度函数如图 6-6 所示。功率谱密度函数将在下一节介绍。

3. 应用举例

【例 6-1】 图 6-7 是测钢带运动速度的示意图。它是用两个间隔一定、距离为 d 的传感器进行不接触测量，钢带表面的反射光经透镜聚焦在相距为 d 的光电池上。反射光强度的波动，通过光电池转换为电信号，再进行相关处理。当可调延时 τ 等于钢带上某点在两个测点之间经过的时间 τ_d 时，互相关函数为最大值，钢带的运动速度为 $v = d/\tau_d$。

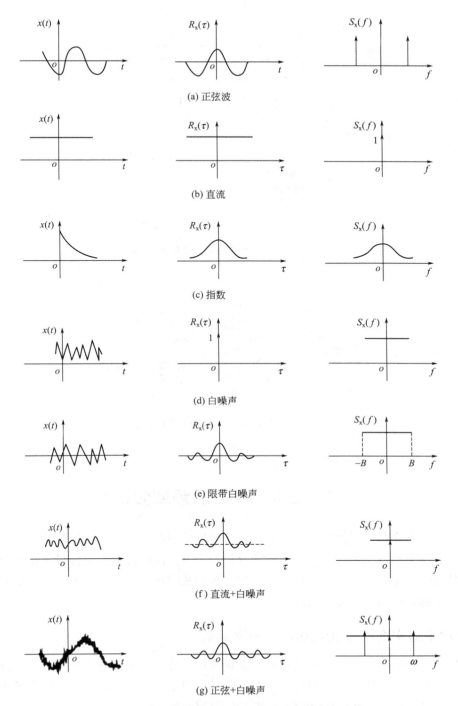

图 6-6　典型信号的自相关函数及功率谱密度函数

【例 6-2】　图 6-8 是测定深埋在地下的输油管裂损位置的示意图。漏损处 K 视为向两侧传播声响的声源。在两侧管道上分别放置传感器 1 和 2，因为两个传感器距漏损处距离不等，因而漏油的音响传至两传感器就有时差。在互相关图上，$\tau = \tau_m$ 处 $R_{x1x2}(\tau)$ 有最大值，这个 τ_m 就是时差。由 τ_m 就可确定漏损处的位置。

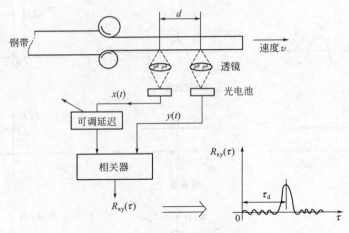

图 6-7　测钢带运动速度的示意图

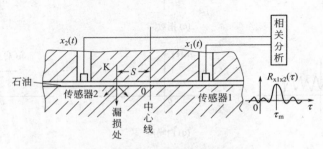

图 6-8　确定输油管裂损位置的示意图

第三节　信号的频域分析

在第二章中介绍了周期信号和非周期信号的幅值谱与相位谱。将信号的时域描述通过数学处理，变换为频域分析的方法称为频域分析。上节介绍的时域相关分析为在噪声背景下提取有用信息提供了途径。本节讨论的功率谱分析则从频域提供相关技术所能提供的信息，它是研究平稳随机过程的重要方法。

一、自功率谱密度函数和互功率谱密度函数

随机信号是时域无限信号，其积分不能收敛，因此，不能直接进行傅里叶变换。又因为随机信号的频率、幅值和相位都是随机的，所以从理论上讲，一般不进行幅值谱和相位谱分析，而是用具有统计特征的功率谱密度来进行频域分析。

均值为零的随机信号的相关函数在 $\tau \to \infty$ 时是收敛的，所以其傅里叶变换是存在的。自相关函数的傅里叶变换为该信号的自功率谱密度函数，简称自谱或功率谱，记为

$$S_x(f) = \int_{-\infty}^{\infty} R_x(\tau) e^{-j2\pi f\tau} d\tau \tag{6-15}$$

于是

$$R_x(\tau) = \int_{-\infty}^{\infty} S_x(f) e^{j2\pi f\tau} df \qquad (6\text{-}16)$$

$S_x(f)$ 和 $R_x(\tau)$ 是傅里叶变换对，$S_x(f)$ 中包含着 $R_x(\tau)$ 的全部信息，$S_x(f)$ 和 $R_x(\tau)$ 均为实偶函数。因为 $S_x(f)$ 是定义在所有频率上的，所以称为双边谱。实际中，用定义在非负频率上的谱 $G_x(f) = 2S_x(f)$ 更为方便。$G_x(f)$ 称为单边谱。单边功率谱密度函数与双边功率谱密度函数的关系如图 6-9 所示。

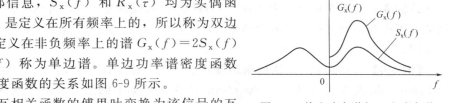

图 6-9　单边功率谱与双边功率谱

同样可定义互相关函数的傅里叶变换为该信号的互功率谱密度函数（简称互谱），即

$$S_{xy}(f) = \int_{-\infty}^{\infty} R_{xy}(\tau) e^{-j2\pi f\tau} d\tau \qquad (6\text{-}17)$$

于是

$$R_{xy}(\tau) = \int_{-\infty}^{\infty} S_{xy}(f) e^{j2\pi f\tau} df \qquad (6\text{-}18)$$

$$G_{xy}(f) = 2S_{xy}(f) \qquad (6\text{-}19)$$

二、应用举例

功率谱分析在工程应用上有重要意义。例如，在研究机械运动的物理机理时，关于在何频率下机械结构或设备损伤最严重，以及如何减小这些情况下功率消耗的研究，对机构的设计和设备的故障诊断有指导意义。下面举例说明功率谱分析的工程应用。

【例 6-3】　图 6-10 是由汽车变速箱上测得的振动加速度信号经处理后所得的功率谱图。

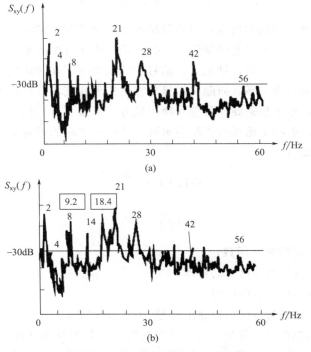

图 6-10　汽车变速箱振动功率谱图

图 6-10(a) 是变速箱正常工作时的谱图，图 6-10(b) 是变速箱不正常工作时的谱图。一般来讲，正常运行的机器功率谱是稳定的，而且各谱线对应不同零部件不同运转状态的振源。在机器运行不正常时，例如，转系的动不平衡、轴承的局部损伤、齿轮的不正常等，都会引起谱线的变动。图 6-10(b) 中，在 9.2Hz 和 18.4Hz 两处出现额外的峰谱，这就显示了机器的某些不正常，而且指示了异常功率消耗所在的频率。为寻找与频率相对应的故障部位提供了依据。

【例 6-4】 图 6-11 是柴油机振动旋转信号的三维谱图。从图 6-11 中可以看出，在转速为 1480r/min 的 3 次频率上、1900r/min 的 6 次频率上的谱峰较高。这说明在这两个转速上，产生两种阶次的共振。这样就可判定出危险的旋转速度，并可找寻引起这种共振的结构根源，为改进柴油机的设计提供依据。

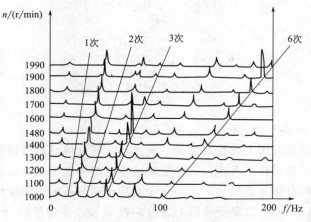

图 6-11　柴油机振动谱图

另外，利用功率谱的数学特点，可以较精确地求出系统的频响函数。实际系统由于不可避免地引入干扰噪声，从而引起测量误差。为了消除由于这些因素带来的误差，可以先进行相关分析，再进行功率谱分析。理论上，信号中的随机噪声在时域进行相关时，如 τ 取得足够长，可使其相关函数值为零。而随机信号与有用信号相互没有任何关系，两者之间互相关函数也为零。所以，经过相关处理可剔除噪声成分，仅留下有用信号的相关函数，从而得到有用信号的功率谱。由功率谱可求得频响函数，这样所求得的频响函数是较精确的。功率谱和频响函数之间的关系为

$$|H(f)|^2 = \frac{S_y(f)}{S_x(f)} \tag{6-20}$$

$$H(f) = \frac{S_{xy}(f)}{S_x(f)} \tag{6-21}$$

式中　$H(f)$——系统的频响函数；

　　$S_x(f)$——输入信号 $x(t)$ 的自谱；

　　$S_y(f)$——输出信号 $y(t)$ 的自谱；

　　$S_{xy}(f)$——输入信号 $x(t)$ 和输出信号 $y(t)$ 的互谱。

由式(6-20) 和式(6-21) 可见，通过输出与输入信号的自谱之比可以得到系统频响函数中的幅频特性，得不到相频特性。而通过输入与输出信号的互谱与输入信号的自谱之比，系

统频响函数的幅频和相频特性都可以得到。

第四节　数字信号分析初步

信号处理可用模拟信号处理系统和数字信号处理系统来实现。

模拟信号处理系统由一系列能实现模拟运算的电路（如模拟滤波器、乘法器、微分放大器等）组成，模拟信号处理可以作为数字信号处理的预处理；数字信号处理之后也常需要进行模拟信号的显示、记录等。

随着计算机技术的发展，数字信号处理技术迅速发展，并得到越来越广泛的应用。数字信号处理可以在通用计算机上借助程序来实现，也可以用专用信号处理机来完成。在运算速度、分辨能力和功能等方面，数字信号处理技术都优于模拟信号处理技术。

本节着重介绍数字信号分析与处理的基本知识。

一、数字信号处理的一般步骤

数字信号处理系统组成框图如图 6-12 所示。

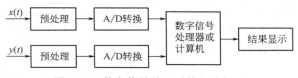

图 6-12　数字信号处理系统组成框图

1. 预处理

信号的预处理是将连续时间信号变成适于数字处理的形式，以减轻数字信号处理的困难。例如，电压的幅值处理、滤波、隔直流、调制和解调等。

2. 模拟信号离散化

将连续时间信号转换为离散信号处理的过程称为模-数（A/D）转换，反之称为数-模（D/A）转换。它们是数字信号处理的必要过程。

A/D 转换过程包括采样、量化和编码，其工作原理如图 6-13 所示。

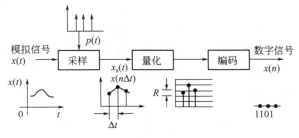

图 6-13　A/D 转换过程

（1）采样

采样又称为抽样，是利用采样脉冲序列 $p(t)$，从连续时间信号中抽取一系列离散样值，

使之成为采样信号 $x(n\Delta t)$ 的过程。其中 $n = 1，2，3，\cdots$；Δt 为采样间隔。$f_s = 1/\Delta t$ 为采样频率。

（2）量化

量化又称为幅值量化，是将采样信号 $x(n\Delta t)$ 经过舍入的方法，变为只有有限个有效数字的数的过程。

如果将信号 $x(t)$ 可能出现的最大值 X 分为 D 个间隔，则每个间隔的长度为 $R = X/D$。R 称为量化增量或量化步长。采样信号落在某一小间隔内，经过舍入方法而变为有限值，则产生量化误差。显然，量化增量越大，量化误差越大。量化增量的大小一般取决于计算机的位数。例如，当采用 8 位二进制时，R 为所测信号电压幅值的 $1/2^8 = 1/256$。

（3）编码

编码是将离散幅值经过量化以后变为二进制数字的过程，即

$$A = RD = R\sum_{i=0}^{m} a_i 2^i \tag{6-22}$$

式中，a_i 取 "0" 或 "1"。

信号 $x(t)$ 经过上述变换后，即成为时间上离散、幅值上量化的数字信号。

3. 运算处理

利用数字信号处理器或计算机对离散数字序列进行运算处理。

计算机只能处理有限长度的数字序列，所以要把长时间序列截断（加窗），有时还需要把截断的数字序列人为地加权，以成为新的有限长数字序列。

数字信号经过运算处理以后，有时需要变为连续信号，以便于观察或记录。这时采用 D/A 转换器，把数字信号转换为模拟信号。D/A 转换过程如图 6-14 所示。

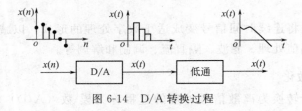

图 6-14　D/A 转换过程

二、时域采样、混叠和采样定理

1. 时域采样

时域采样是通过采样脉冲 $p(t)$ 与时间信号相乘来实现的。根据采样脉冲序列的形状可分为理想脉冲采样和矩形脉冲采样。理想脉冲采样如图 6-15 所示，矩形脉冲采样如图 6-16 所示，图中，$X(\omega) = F[x(t)]$，$P(\omega) = F[p(t)]$。

当 $p(t)$ 为理想脉冲时：

$$X_s(\omega) = \frac{1}{T_s}\sum_{n=-\infty}^{\infty} X(\omega - n\omega_s) \tag{6-23}$$

当 $p(t)$ 为矩形脉冲时：

$$X_s(\omega) = E\tau\omega_s \sum_{n=-\infty}^{\infty} \mathrm{sinc}\left(\frac{n\omega_s\tau}{2}\right) X(\omega - n\omega_s) \tag{6-24}$$

式中　$X_s(\omega)$——采样信号 $x_s(t)$ 的频谱；

　　　　T_s——采样周期，即采样脉冲序列的间隔；

　　　　ω_s——采样频率，即采样脉冲序列的频率。

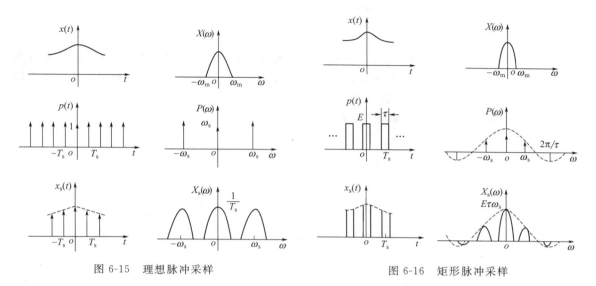

图 6-15　理想脉冲采样　　　　　　图 6-16　矩形脉冲采样

以上分析表明，一个连续信号经理想脉冲采样或矩形脉冲采样后，采样信号的频谱将沿着频率轴，每隔一个采样频率 ω_s 重复出现一次，即频谱产生了周期延拓，其幅值被加权。

2. 频混现象

频混现象又称为频谱混叠效应。它是由于采样后采样信号频谱发生变化，而出现高、低频成分发生混淆的一种现象，如图 6-17(a) 所示。

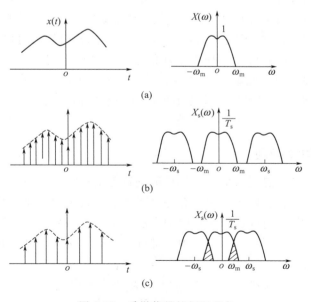

图 6-17　采样信号的频混现象

信号 $x(t)$ 的傅里叶变换为 $X(\omega)$，其频带范围为 $-\omega_m \sim \omega_m$。采样信号 $x_s(t)$ 的傅里叶变换是一个周期谱图，其周期为 ω_s，$\omega_s = 2\pi/T_s$。当 $\omega_s \geqslant 2\omega_m$ 时，周期谱图彼此分离，如图 6-17(b) 所示；而当 $\omega_s < 2\omega_m$ 时，周期谱图相互重叠，即高、低频部分发生重叠，如图 6-17(c) 所示。这将使信号复原时产生波形失真。

3. 采样定理

上述分析表明，如果 $\omega_s \geqslant 2\omega_m$ 则不发生频混现象，否则会发生频混现象。这就要求对采样脉冲序列的间隔 T_s 加以限制，使采样频率 $\omega_s(2\pi/T_s)$ 或 $f_s(1/T_s)$ 必须大于或等于信号 $x(t)$ 中最高频率的两倍，即 $\omega_s \geqslant 2\omega_m$ 或 $f_s \geqslant 2f_m$，此即称为采样定理。

为了加深对采样定理的理解，分析如图 6-18 所示的信号复原。

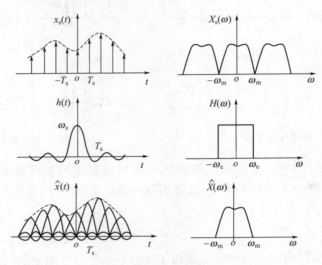

图 6-18　信号复原

信号复原就是由采样信号 $x_s(t)$ 恢复为连续信号 $x(t)$ 的过程，如图 6-18 所示。实现这一过程的方法，就是将采样信号 $x_s(t)$ 通过理想低通滤波器（实际中的理想滤波器只能是近似的），此滤波器的频响函数为 $H(\omega)$，则滤波器的输出端就可以得到频谱为 $X(\omega)$ 的连续信号 $x(t)$。由图 6-18 可见，如果采样信号的频谱产生混叠，通过滤波器后就不可能恢复原信号的频谱 $X(\omega)$，也就得不到原信号 $x(t)$。为了保证采样处理后仍有可能准确地恢复原信号，而且考虑到实际滤波器不可能有理想的截止特性，工程上采样频率一般选为 $(3 \sim 4)f_m$。

三、截断、泄漏和窗函数

即使信号的时间历程是无限的，也不可能进行无限长时间的测试，不可能对无限长时间信号进行处理。因此，在实际工作中，总是对无限长或极长的时间信号进行截断。

截断就是将无限长的时间函数乘以时间宽度有限的窗函数，又称加窗。加窗以后的信号处理相当于透过"窗口"看到"外景"的一部分，而把"窗口"以外的信号视为零。常用的窗函数是矩形窗函数。

对信号 $x(t)$ 截取一段就是将信号 $x(t)$ 和矩形窗函数 $\omega_R(t)$ 相乘。于是有

$$x(t)\omega_R(t) \Longrightarrow X(f) * W_R(f) \tag{6-25}$$

由于 $\omega_R(t)$ 是一个频带无限宽的 sinc 函数，所以即使 $x(t)$ 是一个频带有限宽的限带信号，而在截断以后也必然成为无限带宽信号。无论采样频率多高，信号一经截断就必然引起频混现象，从而导致一些误差，这一现象称为泄漏。

为了减小或抑制泄漏，提出了各种不同形式的窗函数来对时域信号进行加权处理，以改善时域截断处的不连续状况。所选择的窗函数应力求其频谱的主瓣宽度窄些、旁瓣幅度小些。窄的主瓣可以提高频率分辨能力；小的旁瓣可以减小泄漏。这样，窗函数的优势大致可从最大旁瓣值与主瓣峰值之比、最大旁瓣 10 倍频程衰减率和主瓣宽度三方面来评价。

实际应用的窗函数可分为三种主要类型：第一种是幂窗，它采用时间变量某种幂次的函数，如矩形窗、三角窗等；第二种是三角函数窗，它采用正弦或余弦函数组成的复合函数，如汉宁窗、海明窗等；第三种是指数函数窗，它采用指数函数，如高斯窗等。

工程上常用的矩形窗如图 6-19 所示；三角窗如图 6-20 所示；汉宁窗如图 6-21 所示。

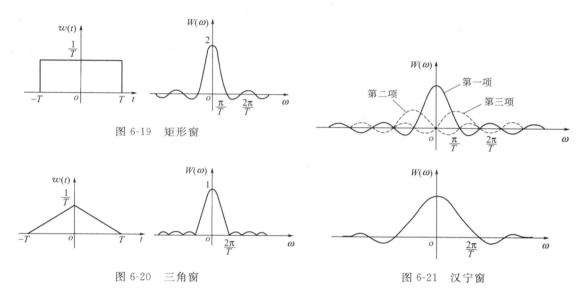

图 6-19　矩形窗

图 6-20　三角窗

图 6-21　汉宁窗

表 6-1 列出了五种典型窗函数的性能特点。

表 6-1　典型窗函数的性能特点

窗函数类型	-3dB 带宽	最大旁瓣峰值/dB	旁瓣衰减率/(dB/dec)
矩形	0.89B	-13	-20
三角形	1.28B	-27	-60
汉宁	1.20B	-32	-60
海明	1.30B	-42	-20
高斯	1.55B	-55	-20

图 6-22 表示了分别用矩形窗、三角窗、汉宁窗分析同一个信号谱图的比较。

图 6-22(a) 所示为被分析信号真谱；图 6-22(b) 和图 6-22(c) 分别为用两种时宽的矩形窗分析的结果，可以看出，时域窗口窄分辨率低，相邻的两谱线不能分辨；图 6-22(d) 和图 6-22(e) 分别为三角窗和汉宁窗分析的结果。由图可见，三角窗和汉宁窗分辨率低，相邻

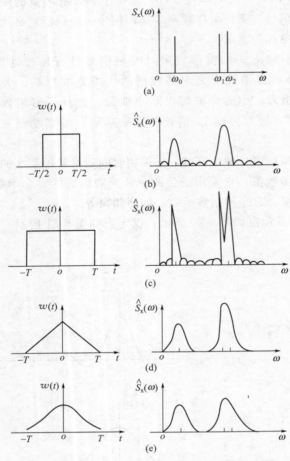

图 6-22 用矩形、三角、汉宁窗分析信号谱图比较

谱线不能分辨，但由于旁瓣衰减快，谱的分布区域窄而边沿清晰。

应根据被分析信号的性质和处理要求选择窗函数。例如，如果仅要求精确地读出主瓣频率而不考虑幅值精度，则可选用主瓣频率比较窄而便于分辨的矩形窗；如果分析窄带信号，且信号中含有较强的干扰噪声，则应选用旁瓣幅度小的窗函数，如汉宁窗、三角窗等。

四、离散傅里叶变换

离散傅里叶变换（Discrete Fourier Transform，DFT）并非泛指对任意离散信号取傅里叶积分或傅里叶级数，而是为适应计算机进行傅里叶变换而出现的一个专用名词。在计算机上进行傅里叶变换和逆变换，必须首先将连续信号（包括时域、频域）改造为离散数据，然后将计算范围收缩到一个有限区间。这样构成的傅里叶变换对称为离散傅里叶变换对。

离散傅里叶变换和逆变换的计算公式为

$$X(k) = \sum_{n=0}^{N-1} x(n) \mathrm{e}^{-\mathrm{j}2\pi nk/N} \quad (6-26)$$

$$x(n) = \frac{1}{N} \sum_{k=0}^{N-1} X(k) \mathrm{e}^{\mathrm{j}2\pi nk/N} \quad (6-27)$$

式中，$n = 0, 1, 2, \cdots, N-1$；$k = 0, 1, 2, \cdots, N-1$。

$$x(n) \Longleftrightarrow X(k) \quad (6-28)$$

通过离散傅里叶变换，将 n 个时域采样点和 N 个频域采样点联系起来。离散傅里叶变换可视为连续傅里叶变换的一种特殊情况。除个别例外，两个变换的性质是相似的。两者之间的一些差异，是因为离散傅里叶变换需要采样和截断而引起的。

离散傅里叶变换的主要性质列于表 6-2 中。

表 6-2 离散傅里叶变换的主要性质

性质	离散傅里叶变换对
线性	$ax(n) + by(n) \Longleftrightarrow aX(k) + bY(k)$
时移	$x(n-i) \Longleftrightarrow X(k)\mathrm{e}^{-\mathrm{j}2\pi ki/N}$
频移	$x(n)\mathrm{e}^{-\mathrm{j}2\pi ni/N} \Longleftrightarrow X(k-i)$
时域卷积	$x(n) * y(n) \Longleftrightarrow X(k) \cdot Y(k)$
频域卷积	$x(n) \cdot y(n) \Longleftrightarrow X(k) * Y(k)$

五、快速傅里叶变换和数字滤波简介

1. 快速傅里叶变换

离散傅里叶变换是信号处理中最常用的运算，但是求出 N 个点的 $X(k)$ 需进行 N^2 次的复数乘法和 $N-1$ 次复数加法，而每一次复数乘法需要进行四次实数相乘和两次实数相加，进行一次复数加法需要进行两次实数相加，所以运算工作量很大，占用计算机大量内存和机时，难以实时实现。正因如此，尽管 DFT 的概念早已为人们所熟知，却未被得到有效的应用。直到 1965 年，由美国的 J. W. Cooley 和 J. W. Turkey 提出了一种适合于计算机的 DFT 的快速算法，即快速傅里叶变换（Fast Fourier Transform，FFT），它使 DFT 的思想真正得以实现，大大促进了数字信号分析技术的发展。

FFT 算法的本质在于充分利用了 $W_N = \mathrm{e}^{-\mathrm{j}\frac{2\pi}{N}}$ 因子的对称性和周期性。

（1）对称性

$$W_N^{(nk+\frac{N}{2})} = -W_N^{nk} \tag{6-29}$$

（2）周期性

$$W_N^{N+nk} = W_N^{nk} \tag{6-30}$$

FFT 算法的基本思想便是利用上述性质，避免 W_N 运算中的重复运算，将长序列的 DFT 分割为短序列的 DFT 的线性组合，从而达到整体降低运算量的目的。依照这一思想，J. W. Cooley 和 J. W. Turkey 提出的 FFT 算法使原来的 N 点 DFT 的乘法计算量从 N^2 次降至 $\frac{N}{2}\log_2 N$ 次。在 J. W. Cooley 和 J. W. Turkey 提出的 FFT 算法之后，人们又提出了许多新的不同算法，着眼于进一步提高算法的效率和速度。其中有代表性的有两种：一种是以采样点数 N 为 2 的整数次幂的算法，如基 2 算法、基 4 算法等；另一种是 N 不等于 2 的整数次幂的算法，如 Winagrad 算法和素因子算法等。

2. 数字滤波

数字滤波是利用数字滤波器对输入信号波形（或频谱）进行加工处理，按预定要求变换成一定的输出序列（从而改变频谱）的数字处理过程，如图 6-23 所示。

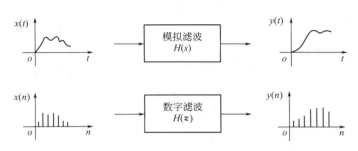

图 6-23　数字滤波示意图

数字滤波与模拟滤波相比，它们的作用相同，而分析方法不同。模拟滤波器的数学模型是微分方程，在 s 域内进行分析；数字滤波器的数学模型是差分方程，在 z 域内进行分析，运算内容为延时、加法、乘法等运算。两者对比见表 6-3。

表 6-3 数字滤波与模拟滤波对比

比较项目	模拟滤波器	数字滤波器
输入、输出	模拟信号	数字信号
系统	连续时间	离散时间
系统特性	时不变、叠加、齐次	非移变、叠加、齐次
数学模型	微分方程	差分方程
运算内容	微(积)分、乘、加	延时、乘、加
系统构成	分立元件 (电阻、电容、运算放大器等)	软件:程序 硬件:乘、加、延时运算块
系统函数	$H(s)=\dfrac{Y(s)}{X(s)}$ (s 域) $H(\omega)=\dfrac{Y(\omega)}{X(\omega)}$	$H(z)=\dfrac{Y(z)}{X(z)}$ (z 域) $H(\mathrm{e}^{\mathrm{j}\omega})=\dfrac{Y(\mathrm{e}^{\mathrm{j}\omega})}{X(\mathrm{e}^{\mathrm{j}\omega})}$

数字滤波过程如图 6-24 所示。数字滤波过程的频谱如图 6-25 所示。

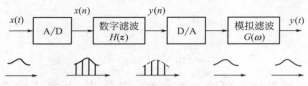

图 6-24 数字滤波过程

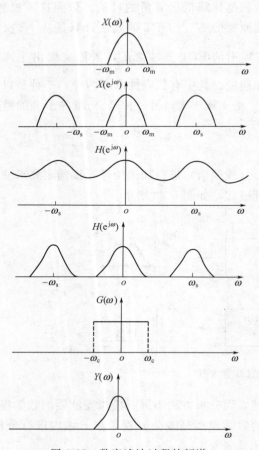

图 6-25 数字滤波过程的频谱

数字滤波可用软件或硬件实现。软件实现方法是按照差分方程或框图所表示的输出与输入序列的关系编制程序,在通用计算机上实现。硬件实现方法是数字电路制成的延时器、加法器、乘法器等,按框图连接,构成数字滤波器来实现。

六、时频分析简介

傅里叶变换和逆变换建立了信号时域和频域之间的一一对应关系,从而形成了信号的两种描述方法。然而,由于时域和频域分别从不同方面表达信号,所以大多数的时间信息在频域是不容易得到的。频域中的幅值谱,只能显示某一频率在信号中的强度,通常不能提供相关谱分量的时间变化信息。同样,从时域信号也很难得到准确的频率信息。尽管如此,对于平稳信号来说,傅里叶变换已经足够了。但是,非平稳时间信号随时间的任何突变在频域都会传遍整个频率轴,单一域内的分析常常不能满足要求。

对于工程上存在的非平稳信号,在不同时刻,信号具有不同的谱特征,时频分析是非常有效的分析方法。时频分析的目的是建立一个时间-频率二维函数，要求这个函数不仅能够同时用时间和频率描述信号的能量分布密度，还能够体现信号的其他一些特征量。

1. 短时傅里叶变换（STFT）

短时傅里叶变换的基本思想是将非平稳的长时间信号划分成若干段小的时间间隔，信号在每一个小的时间间隔内可以近似为平稳信号，用傅里叶变换分析这些信号，就可以得到在那个时间间隔的相对精确的频域描述。

短时傅里叶变换的时间间隔划分并不是越细越好，因为划分就相当于加窗，这会降低频率分辨率并引起谱泄漏。由于短时傅里叶变换的基础仍然是傅里叶变换，虽能分析非平稳信号，但更适合分析准平稳信号。

2. 小波变换（WT）

小波变换是 20 世纪 80 年代中后期发展起来的一门新兴的应用数学分支，被引入到工程应用领域并得到广泛应用。小波变换具有多分辨率特性，通过适当地选择尺度因子和平移因子，可得到一个伸缩窗，只要适当地选择基本小波，就可以使小波变换在时域和频域都具有表征信号局部特征的能力，在低频部分具有较高的频率分辨率和较低的时间分辨率，在高频部分具有较高的时间分辨率和较低的频率分辨率，很适合于探测正常信号中夹带的瞬态反常现象并展示其成分。

3. Wigner-Ville 分布（WVD）

短时傅里叶变换和小波变换本质上都是线性时域表示，不能描述信号的瞬时功率谱密度，虽然 Wigner-Ville 分布也是直接定义为时间-频率的二维函数，但它是一种双线性变换。Wigner-Ville 分布是最基本的时频分布，由它可以得到许多其他形式的时频分布。

习　题

6-1　信号处理和分析的主要目的是什么？本章所叙述的信号分析与处理的手段主要有哪些？

6-2　求信号 $x(t)=A_1\cos(\omega_1 t+\varphi_1)+A_2\cos(\omega_2 t+\varphi_2)$ 的自相关函数。

6-3　求方波信号和正弦波信号（图 6-26）的互相关函数。

6-4　已知一信号的最高频率含量为 2kHz，记录长度 $T=30$s，对该模拟信号进行数字化处理，采样频率为 4kHz，采样点数为 2048 点，问：①所得数字信号有无功率泄漏现象？为什么？②所得数字信号有无频率混叠现象？为什么？

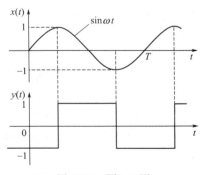

图 6-26　题 6-3 图

第七章

现代测试系统

第一节　概　述

计算机技术日新月异的发展及高速度、高精度 A/D 转换器的发展，将测试技术推向了一个新的发展阶段。以计算机为核心组成的测试系统，使数据采集、处理和控制融为了一体，即现代测试系统。现代测试系统是具有自动化、智能化、可编程化等功能的测试系统，经过几十年的发展，已日趋形成系列化、标准化和通用化产品，在各行各业均发挥了重要作用。与传统测试系统相比，具有测试速度快、效率高、精度高、性能好和可靠性高的特点，此外现代测试系统设计制造容易，操作简单，便于维修。

现代测试系统主要包括智能仪器、自动测试系统和虚拟仪器。智能仪器和自动测试系统的区别在于它们所用的微型计算机是否与仪器测量部分融合在一起，智能仪器是采用专门设计的微处理器、存储器、接口芯片组成的系统。自动测试系统是用现成的 PC 配以一定的硬件及仪器测量部分组合而成的系统。虚拟仪器与前两者的最大区别在于它将测试仪器软件化和模块化了。这些软件化和模块化的仪器与计算机结合便构成了虚拟仪器。

在新一代测试系统的研制过程中，应加快新技术的引入、新测试理论的研究和采纳国际通用标准，以将测试系统设计成为一体化测试、维护与保障系统，促使测试向综合化、智能化、网络化和虚拟现实方向发展，从而提高现代测试系统的技术水平。

第二节　计算机测试系统

随着计算机技术、大规模集成电路技术和通信技术的飞速发展，传感器技术、通信技术和计算机技术的结合，使计算机与测试技术的关系发生了根本性的变化，计算机已成为现代测试和测量系统的基础。

计算机测试系统如图 7-1 所示，一般工作过程是：传感器将被测量转变为电量，经过信号调理后，由接口电路转换为数字量（A/D）输入计算机，由计算机对信号进行分析和处理，进而由计算机输出结果，显示或打印，以及输出控制信息。

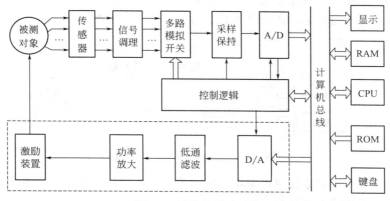

图 7-1　计算机测试系统

计算机测试系统从功能上划分，由数据采集和存储、数据分析和数据显示三大部分组成。在一些测试系统中，数据分析和显示完全用微机的软件来完成。因此，只要额外提供一定的数据采集硬件，就可以与微机组成测试仪器。这种基于微机的测试仪器称为虚拟仪器。

测试技术与计算机技术几乎是同步、协调向前发展的，计算机技术成为测试系统的核心，若脱离开计算机、软件、网络、通信发展的轨道，测试技术的进步是不可思议的。目前，基于计算机的测试系统可分为三种类型。第一种是计算机插卡式测试系统，即在计算机的扩展槽（通常是 PCI、ISA 等总线槽，也可设计成便携式计算机专用的 PCMCIA 卡）中插入信号调理、模拟信号采集、数字输入输出、DSP（数字信号处理芯片）等测试与分析板卡，构成通用或专用的测试系统，如图 7-2 所示。

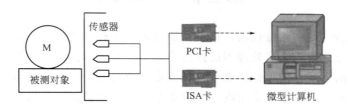

图 7-2　插卡式测试系统组成示意图

第二种是由仪器前端与计算机组合。仪器前端一般由信号调理、模拟信号采集、数字输入输出、数字信号处理、测试控制等模块组成。由 VXI、PXI 等专用仪器总线连接在一起构成独立机箱，并通过以太网接口、1394 口、并行接口等通信接口与计算机相连，构成通用或专用测试系统，如图 7-3 所示。

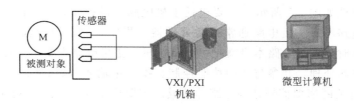

图 7-3　仪器前端测试系统组成示意图

第三种是由各种独立的可编程仪器（具有参数设置和控制功能的计算机接口）与计算机

连接所组成的测试系统,这类系统又称为仪器控制系统。这类测试系统与前两类系统的最大区别在于程控仪器本身能够脱离开计算机运行,完成一定的测量任务,如图7-4所示。

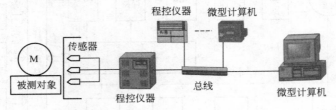

图 7-4　仪器控制系统组成示意图

上述三类计算机测试系统可以采用一般的测试分析软件构成计算机测试系统,也可以利用专门的软件系统构成虚拟仪器。

随着微电子技术的不断发展,集成了 CPU、存储器、定时器/计数器、并行和串行接口、接口上的加密模块、前置放大器甚至 A/D、D/A 转换器等电路在一块芯片上的超大规模集成电路芯片(即单片机)不断出现。以单片机为主体,将计算机技术与测试控制技术结合在一起,又组成了智能化测量控制系统,也就是智能仪器。

智能仪器和虚拟仪器的区别在于它们所用的微机是否与仪器测量部分融合在一起,亦即采用专门设计的微处理器、存储器、接口芯片组成的系统,还是用现成的微机配以一定的硬件及仪器测量部分组合而成的系统。

第三节　智能仪器

智能仪器是新一代的测量仪器,这类仪器仪表中含有微处理器、单片计算机或体积很小的微型机,有时也称为内含微处理器的仪器或基于微型机的仪器。这类仪器,功能丰富又很灵巧。智能仪器的出现,极大地扩充了传统仪器的应用范围。智能仪器凭借其体积小、功能强、功耗低等优势,迅速地在家用电器及科研单位和工业企业中得到了广泛的应用。

一、智能仪器的组成

智能仪器是把微处理器或计算机与传统的仪器仪表结合起来,使它能够适应被测参数的变化,具有自动补偿、自动选择量程、自动校准、自寻故障、自动进行指标判断以及进行逻辑操作、定量控制与程序控制等功能。微处理器与大容量存储器是智能仪器的核心,智能仪器主要由硬件和软件两部分组成。

智能仪器硬件如图7-5所示,主要包括主机电路、模拟量输入/输出通道、人机接口和标准通信接口电路等。主机电路通常由微处理器、程序存储器以及输入/输出(I/O)接口电路等组成,有时,主机电路本身就是一个单片机。主机电路主要用于存储程序与数据,进行一系列的运算和处理,并参与各种功能控制。模拟量输入/输出通道主要由 A/D 转换器、D/A 转换器和有关的模拟信号处理电路等组成。主要用于输入/输出模拟信号,实现模数与数模转换。人机接口主要由仪器面板上的键盘和显示器等组成,用来建立操作者与仪器之间的联系。标准通信接口使仪器可以接收计算机的程控命令,用来实现仪器与计算机的联系。一般情况下,智能仪器都配有 GPIB 等标准通信接口。

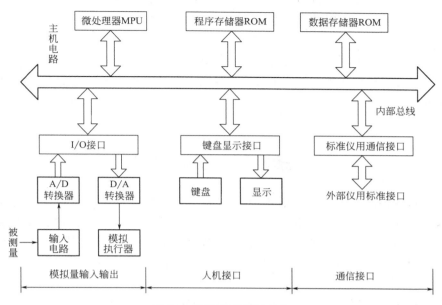

图 7-5　智能仪器硬件结构

　　智能仪器的软件主要包括监控程序、接口管理程序和数据处理程序三大部分。监控程序面向仪器面板和显示器，负责完成通过键盘操作，输入存储所设置的功能、操作方式与工作参数；通过控制 I/O 接口电路进行数据采集，对仪器进行预定的设置；对数据存储器所记录的数据和状态进行各种处理；以数字、字符、图形等形式显示各种状态信息以及测量数据的处理信息。接口管理程序主要面向通信接口，负责接收并分析来自通信接口总线的各种有关功能、操作方式与工作参数的程控操作码，并根据通信接口输出仪器的现行工作状态及测量数据的处理结果来响应计算机的远程控制命令。数据处理程序主要完成数据的滤波、运算和分析等任务。

二、智能仪器的特点

　　与传统仪器仪表相比，智能仪器具有以下功能特点。

　　① 仪器的整个测试过程，如键盘扫描、量程选择、开关启动闭合、数据的采集、传输与处理以及显示打印等都用单片机或微控制器来控制操作，实现测试过程的全部自动化。

　　② 具有自测功能，包括自动调零、自动故障与状态检验、自动校准、自诊断及量程自动转换等。智能仪表能自动检测出故障的部位甚至故障的原因。这种自测试可以在仪器启动时运行，同时也可以在仪器工作中运行，极大地方便了仪器的维护。

　　③ 具有数据处理功能，这是智能仪器的主要优点之一。智能仪器由于采用了单片机或微处理器，使许多原来用硬件逻辑难以解决或根本无法解决的问题，可以用软件非常灵活地加以解决。例如，传统的数字万用表只能测量电阻、交直流电压、电流等，而智能型的数字万用表不仅能进行上述测量，而且还具有对测量结果进行诸如零点平移、取平均值、求极值、统计分析等复杂的数据处理功能，不仅使用户从繁重的数据处理工作中解放出来，也有效地提高了仪器的测量精度。

　　④ 具有友好的人机对话能力。智能仪器使用键盘代替传统仪器中的切换开关，操作人

员只需通过键盘输入命令，就能实现某种测量功能。与此同时，智能仪器还通过显示屏将仪器的运行情况、工作状态以及对测量数据的处理结果及时告诉操作人员，使仪器的操作更加方便直观。

⑤ 具有可程控操作能力。一般智能仪器都配有 GPIB、RS232C、RS485 等标准的通信接口，可以很方便地与微机和其他仪器一起组成用户所需要的多种功能的自动测量系统，来完成更复杂的测试任务。

第四节　虚拟仪器

测试仪器都是由数据采集、数据分析和数据显示三大部分组成的。在虚拟仪器系统中，数据分析和显示完全用微机的软件来完成。因此，只要额外提供一定的数据采集硬件，就可以与微机组成测量仪器，即虚拟仪器。在虚拟仪器中，使用同一个硬件系统，只要应用不同的软件编程，就可得到功能完全不同的测量仪器。可见，软件系统是虚拟仪器的核心。

1986 年美国国家仪器公司（National Instruments Corporation，简称 NI）首先提出了虚拟仪器的概念，认为虚拟仪器是由计算机硬件资源、模块化仪器硬件和用于数据分析、过程通信以及图形用户界面的软件组成的测控系统，是一种由计算机操纵的模块化仪器系统。它充分地利用了计算机独具的运算、存储、回放、调用、显示及文件管理功能，同时把传统仪器的专业化功能和面板软件化，这样便构成了从外观到功能都完全与传统仪器相同，甚至更优越的仪器系统。

虚拟仪器技术引入到当今计算机辅助测试领域，使数据采集和工业控制自动化技术发生了重大的变革。全世界的科学家和工程师都已经认识到：使用工业标准计算机的硬件和软件技术来构建虚拟仪器系统，将会获得前所未有的工作效率。虚拟仪器的国内外发展呈现两条主线：一是 GPIB→VXI→PXI 总线方式（适合大型高精度集成系统）；二是微机插卡式→LPT 并行口式→串口 USB 方式→IEEE 标准的 1394 口方式（适合于普及型的廉价系统，有广阔的应用发展前景）。

一、虚拟仪器的特点

无论是传统的还是虚拟的仪器所实现的功能都非常相似，都可以进行数据采集、数据分析，并且显示最终数据结果。而虚拟仪器与传统仪器最大的不同之处，就在于其具有开放性的构成方式，即具有灵活性和功能的可重构性。

虚拟仪器是用户根据需要自己定义、自行组合的。用户可以灵活地将各种计算机平台、硬件、软件和各种附件结合起来，形成自己所需要的各种特定设备，可以是一台数字多用表，也可以是一台示波器，还有可能是一台信号源，或者它同时具有这些设备的所有功能甚至于更多的功能。计算机是构建虚拟仪器的基础，对于工业控制自动化来讲，计算机已成为一种功能强大、价格低廉的运行平台，当各种与计算机有关的新的技术出现时，将同时把虚拟仪器的便携性和强大的功能推向一个新的水平。

虚拟仪器的特点主要表现为：硬件接口标准化；硬件软件化；软件模块化；模块控件化；系统集成化；程序设计图形化；计算可视化；硬件接口软件驱动化。

二、虚拟仪器的构成方法

虚拟仪器通常由硬件设备与接口、设备驱动软件和虚拟仪器面板组成，其结构如图 7-6 所示。

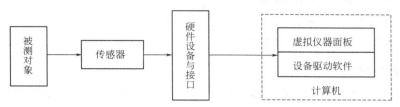

图 7-6　虚拟仪器的结构组成

其中，硬件设备与接口可以是各种以计算机为基础的内置功能插卡、通用接口总线（General Purpose Interface Bus，GPIB）卡、串行接口卡、VXI 总线仪器接口等设备，或者是其他各种可程控的外置测试设备；设备驱动软件是直接控制各种硬件接口的驱动程序，虚拟仪器通过底层设备驱动软件与真实的仪器系统进行通信；并以虚拟仪器面板的形式在计算机屏幕上显示与真实仪器面板操作元素相对应的各种控件。在这些控件中预先集成了对应仪器的程控信息，所以用户使用鼠标操作虚拟仪器的面板就如同操作真实仪器一样真实、方便。

三、虚拟仪器的软件实现

虚拟仪器的软件框架从底层到顶层，包括三部分：VISA 库、仪器驱动程序、应用软件。

1. VISA 库

VISA（Virtual Instrumentation Software Architecture）虚拟仪器软件体系结构，实质就是标准的 I/O 函数库及其相关规范的总称。一般称这个 I/O 函数库为 VISA 库。它驻留于计算机系统之中执行仪器总线的特殊功能，是计算机与仪器之间的软件层链接，以实现对仪器的程控。它对于仪器驱动程序开发者来说是一个可调用的操作函数集。

2. 仪器驱动程序

仪器驱动程序是完成对某一特定仪器控制与通信的软件程序集。它是应用程序实现仪器控制的桥梁。每个仪器模块都有自己的仪器驱动程序，仪器厂商以源码的形式提供给用户。

3. 应用软件

应用软件建立在仪器驱动程序之上，直接面对操作用户，通过提供直观友好的测控操作界面、丰富的数据分析与处理功能，来完成自动测试任务。

虚拟仪器应用软件编写，大致可分为两种方式：用通用编程软件进行编写，主要有 Microsoft 公司的 Visual Basic 与 Visual C++、Borland 公司的 Delphi、Sybase 公司的 PowerBuilder 等；用专业图形化编程软件进行开发，如 HP 公司的 VEE、NI 公司的 LabVIEW 和 Lab Windows/CVI 以及工控组态软件等。

应用软件还包括通用数字处理软件。通用数字处理软件包括用于数字信号处理的各种功能函数，如频域分析的功率谱估计、FFT、FHT、逆FFT、逆FHT和细化分析等；时域分析的相关分析、卷积运算、反卷积运算、均方根估计、差分积分运算和排序等；以及数字滤波等。这些功能函数为用户进一步扩展虚拟仪器的功能提供了基础。

四、LabVIEW 虚拟温度计创建示例

使用 LabVIEW 开发平台编制的程序称为虚拟仪器程序，简称为 VI。VI 包括三个部分：程序前面板、框图和图标/连接器。

1. 程序前面板

程序前面板用于设置输入数值和观察输出量，用于模拟真实仪表的前面板。在程序前面板上，输入量被称为控制（Controls），输出量被称为显示（Indicators）。控制和显示以各种图标形式出现在前面板上，如旋钮、开关、按钮、图标、图形等，这使前面板直观易懂。启动 LabVIEW8.6 后，在启动界面上选择新建 VI，图 7-7 是一个温度计程序（Thermometer VI）的前面板。

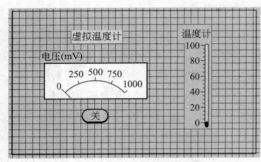

图 7-7　虚拟温度计前面板

2. 框图

每一个程序前面板都对应着一段框图程序。框图程序用 LabVIEW 图形编程语言编写，可以把它理解为传统程序的源代码。框图程序由端口、节点、图框和连线构成。其中端口被用来同程序前面板的控制和显示传递数据，节点被用来实现函数和功能调用，图框被用来实现结构化程序控制命令，而连线代表程序执行过程中的数据流，定义了框图内的数据流动方向。上述温度计程序（Thermometer VI）的框图程序如图 7-8 所示。在前面板窗口上，单击前面板上放置的带标签椭圆形按钮，使其显示为"ON"状态，然后再单击工具栏上的【运行】按钮 ⇨，就可运行设计好的虚拟温度计 VI，运行结果如图 7-9 所示。

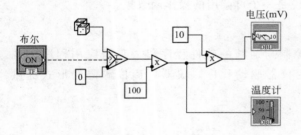

图 7-8　虚拟温度计的程序框图

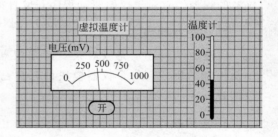

图 7-9　虚拟温度计的运行结果

3. 图标/连接器

图标/连接器是子 VI 被其他 VI 调用的接口。图标是子 VI 在其他程序框图中被调用的节点表现形式，而连接器则表示节点数据的输入/输出口，就像函数的参数。用户需指定连接器端口与前面板的控制和显示一一对应。连接器一般情况下隐含不显示，除非用户选择打开观察它。

7-1　计算机测试系统的分类有几种？简述各类系统的特点。

7-2　试述智能仪器与普通的计算机测试系统的异同。

7-3　试述虚拟仪器的结构组成。

第八章

振动的测试

第一节 概 述

机械振动是自然界以及工程技术中普遍存在的物理现象。一方面，机械振动常常破坏机器的正常工作，加速设备损坏、缩短使用寿命，甚至造成事故。由振动引起的噪声污染环境、危害人类的健康。近年来，具有大功率、高速度、高效率等性能的大型化、复杂化（多为机、电、液综合系统）的机器正在飞速发展，而影响这些设备发展的振动问题已遍及机械制造工程的各个行业，并引起人们的极大重视。因此，如何减小振动的影响，将振动量控制在允 x_f 许的范围内，是当前急需解决的课题。另一方面，又可以利用振动原理设计诸如输送、夯实、清洗、脱水、时效处理等工作的振动机械以及设备检测。无论是利用其有利的一面，还是消除其不利影响，振动的测试是必不可少的。

一般来讲，振动测试有两方面内容。

① 振动量的测试：如位移、速度、加速度、频率和相位等的测试。目的是寻找振源，减少或消除振动，即消除被测量设备和结构所存在的振动。

② 结构或部件特征参数的测试：如固有频率、阻尼比、刚度和振型等的测试。用以改进结构设计，提高抗振能力。

一、振动量的测试

振动量的测试主要是幅值的测试，并在此基础上进行动态特性的时域和频域分析。例如，对随机振动进行幅值测试，进行时域分析求自相关和互相关函数，进行频域分析求自功率谱密度函数等。

被测振动量的幅值可以用峰值 x_f、峰-峰值 x_{f-f}、有效值 x_{rms} 和绝对均值 $\mu_{|x|}$ 等来描述，它们之间有一定的函数关系。

图 8-1 所示的简谐振动，其各量之间的关系为

$$x_{rms} = \frac{\pi}{2\sqrt{2}} \mu_{|x|} = \frac{1}{\sqrt{2}} x_f = \frac{1}{2\sqrt{2}} x_{f-f}$$

在振动测试研究中，振动量的测试为进行系统动态特性的频域或时域分析提供了原始数据。

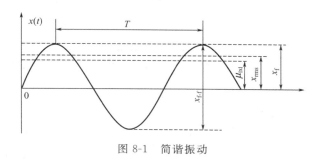

图 8-1　简谐振动

二、振动系统特性的测试

以某种激振方式对被测对象施加作用，使之产生受迫振动，进而测量其输入和输出（振动响应），从而确定被测件的频率响应。然后进行模态分析，求得各阶模态的动态参数。

第二节　振动测试系统的组成与激励

一、振动测试系统的组成

机械结构的振动测试主要是指测定振动体（或振动体上某一点）的位移、速度、加速度大小以及振动频率、周期、相位、振型、频谱等，在工程实践中有时还要通过试验来测定（或确定）振动系统的动态特性参数，如固有频率、阻尼、动刚度、动质量和振型等。振动测试的方法多种多样，广泛采用的是电测法，这种方法灵敏度高，频率范围及线性范围宽，便于遥测和运用电子仪器，还可以用计算机分析处理数据。测试时，用传感器将被测振动量转换成电量，而后再通过对电量的处理获取对应的振动量。针对不同的测试类型，按照此原理组成振动测试系统。

1. 仅测试系统的输出响应

这类测试主要发生在两种情况下：一种情况是系统在一定的初始条件下发生自由振动，此时只要测得其自由振动的时间历程即可求出系统的动态特性；另一种情况是系统在自然激励（如环境激励或工作激励）作用下发生强迫振动，系统的输入一般难以测试或不可测试，此时主要通过测出系统的输出，求出其相关函数或功率谱密度函数来确定系统的动态特性或找出引起振动的原因。

2. 同时测试输入和输出

这类测试是典型的实验室方法，被测系统通常在人为激励（如脉冲锤激励）作用下发生强迫振动，同时测出系统的输入和输出，求取系统的动态特性。

图 8-2 所示系统是一种最简单的振动测试系统，它用于第一类测试。加速度计将被测的机械振动量转换成电量，从振动计上可以直接读出振动量的位移、速度和加速度的量值，用于现场测试很方便。

图 8-3 所示系统能把现场的振动信号记录下来，供分析时反复使用。若配上适当的滤波器组成图 8-4 所示系统，不仅可以在现场读出振动的量级，还可以对振动信号进行频率分

图 8-2　最简单的振动测试系统

析，用记录仪绘制振动信号的时间历程曲线和频谱图。图 8-5 所示为频响函数测试系统。

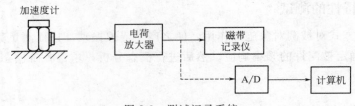

图 8-3　测试记录系统

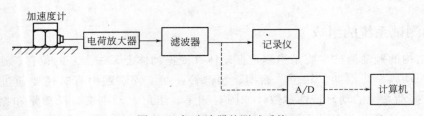

图 8-4　加滤波器的测试系统

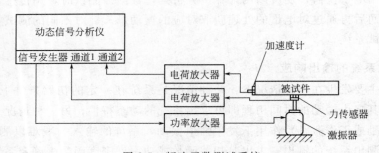

图 8-5　频响函数测试系统

二、振动的激励

利用一定的振动方式对被测对象施加的作用称为振动的激励。常用的激振方式有稳态正弦激励、扫频正弦激振、脉冲激振、阶跃激振和随机激振等。

1. 稳态正弦激振

稳态正弦激振是一种普遍采用的激振方法。就工作原理而言，它是对被测对象施加一个稳定的单一频率的正弦激振力。其优点是激振功率大，信噪比高，能保证被测对象的测试精确度。缺点是需要很长的测试周期才能得到足够精度的测试数据，特别是对小阻尼被测对象来说，当对系统输入一正弦激励时，为了使输出达到稳态，要有足够长的时间。稳态正弦激振测试装置所采用的测试仪器、设备比较通用，测试的可靠性也较高，从而使它成为一种常用的激振方法。

在机械工程试验中，常常用到扫描方式的正弦激振——扫频激振，激振的频率随时间而变化。严格地说，任何扫频激振都属瞬态激振，但若扫描的速度足够慢，所绘制的奈奎斯特曲线与逐点稳态正弦激振所得曲线很相似。但必须注意，扫频激振所画的奈奎斯特曲线并非准确的奈奎斯特曲线，它只能先求得系统的概略特性。如果对靠近某固有频率的重要频段感兴趣，就要认真地用稳态正弦激振进行校核。

2. 随机激振

随机激振通常用白噪声或伪随机信号发生器作为信号源，是一种宽频带激振方法。白噪声发生器能产生连续的随机信号，其自相关函数在 $\tau=0$ 处形成陡峭的峰，只要 τ 稍偏离零处，其自相关函数就很快衰减，自功率谱密度函数也近似为常值。当白噪声信号通过功率放大器来控制激振器时，由于功率放大器和激振器的通频带不是无限宽的，所得激振力频谱不再是在整个频域中保持常数。但它仍然是一种宽带激振，能够激起被测对象在一定频率范围内的随机振动，利用频谱分析仪可以得到被测对象的频率响应。

白噪声发生器所提供的信号是完全随机的，而有时工程上希望能重复进行试验，这时通常采用伪随机信号发生器或用计算机产生伪随机码作为随机激振信号源。图 8-6 是一个二电平制伪随机信号 $u(t)$ 及其自相关函数 $R_u(\tau)$ 和近似的自功率谱密度函数 $S_u(f)$。

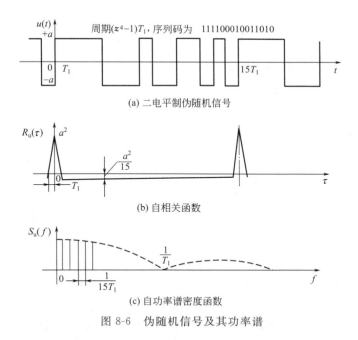

图 8-6　伪随机信号及其功率谱

随机激振测试系统虽然具有快速、甚至"实时"测试的优点，但它所用的设备较复杂，价格也较昂贵。由于许多机械或结构在工作时所受到的干扰和动载荷往往具有随机性，因此可以利用传感器对其干扰和系统响应进行检测，再通过分析仪器对系统进行"在线"分析。

随着计算机技术的迅速发展，以小型计算机和快速傅里叶分析为核心的频谱分析仪和数据处理机，无论是在"实时"能力、分析精确度，还是在频率分辨率和分析功能等方面都提高很快，而且价格也越来越便宜。因此，各种宽带激振的技术也越来越被大家所重视。

3. 瞬态激振

瞬态激振与随机激振一样，同属宽带激振方法，可由激振力和响应的自谱密度函数和互谱密度函数求得系统的频率响应函数。目前，常用的瞬态激振方式有以下三种。

（1）快速正弦扫描激振

快速正弦扫描激振的激振信号由振动频率可以控制的信号发生器供给，通常采用线性的正弦扫描激振。激振信号的频率在扫描周期内呈线性地增大，但幅值保持为常值。激振函数 $f(t)$ 的形式为

$$f(t-T) = f(t) \tag{8-1}$$

$$f(t) = \sin 2\pi (at+b)t \quad (0 < t < T) \tag{8-2}$$

其中，

$$a = \frac{f_{\max} - f_{\min}}{T}$$

$$b = f_{\min}$$

信号发生器所提供的振荡信号的上、下限频率（$f_{\max}$、$f_{\min}$）和扫描周期 T 都可根据试验要求而选定。在某些试验中，扫描时间仅为数秒，因而可以快速测试研究对象的频率特性。应该指出，激振函数虽具有类似正弦函数的形式，但因其频率不断变化，所以其并非正弦激振，而属于瞬态激振范畴。

图 8-7 为这种快速正弦扫描信号及其功率谱。

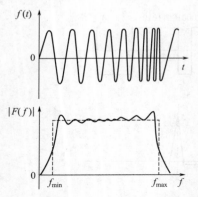

图 8-7　快速正弦扫描信号及其功率谱

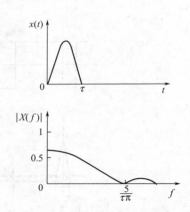

图 8-8　半正弦波及其功率谱

（2）脉冲激振

单位脉冲函数 $\delta(t)$ 的频谱在 $-\infty \sim +\infty$ 的频率范围内是等强度的。实际上，进行脉冲激振时，是用一把装有力传感器的锤子（又称脉冲锤）敲击试件，它对试件的作用力并非理想的 $\delta(t)$ 函数，而是如图 8-8 所示的近似半正弦波，其有效频率范围决定于脉冲持续时间 τ。锤头垫愈硬，则 τ 愈小，其频率范围愈大。使用适当的锤头垫材料，可以得到要求的频带宽度。改变锤头配重块的质量和敲击加速度，可调节激振力的大小。

（3）阶跃激振

在拟定的激振点处用一根刚度大、重量轻的弦，经过力传感器，对待测结构施加一个张力，然后突然切断张力弦，从而使该结构受到一个相当于负的阶跃的激振力。阶跃激振属于宽带激振。理想阶跃函数的导数为理想脉冲函数，因此阶跃响应的导数即为脉冲函数的响

应。在建筑结构的振动测试中，这种激振方法用得相当普遍。

第三节 激 振 器

激振器是对试件施加某种预定要求的激振力从而激起试件振动的装置。对激振器的一般要求是能够在要求的频率范围内提供波形良好、幅值足够的稳定的交变力，在某些情况下，还要能提供稳定力。稳定力能使结构受到一定的预加载荷，以便消除间隙或模拟某种稳定力（如切削力的不变成分等）。对激振器的另一个要求是体积小、重量轻，以便减小激振器质量对被测系统的影响。

常用的激振器有电动式、电磁式和电液式三种。

一、电动式激振器

电动式激振器按其磁场的形成方法可分为永磁式和励磁式两种。前者多用于小型激振器，而后者多用于较大型激振器，即振动台。

图 8-9 所示为电动式激振器结构。电动式激振器由弹簧、壳体、磁钢、顶杆、磁极和铁芯、驱动线圈等元件组成。其工作原理是：驱动线圈固定在顶杆上，并由弹簧支承在壳体中，驱动线圈正好位于磁极与铁芯的气隙中，驱动线圈通入经功率放大后的交变电流 i 时，磁场中载流体受力的作用，此力通过顶杆传到被测对象上，便是所需要的激振力。应该指出，激振器通过顶杆传给被测对象的激振力实际上并非电动力，而是电动力和可动系统的惯性力、弹性力、阻尼力之差，同时电动力是频率的函数。只有当激振器的可动系统质量很小，弹性系数极低，从而使其弹性力与惯性力可忽略的情况下，才可以近似认为电动力等于激振力。为了避免这一误差因素，最好使顶杆通过一只力传感器去激振被测对象，以便精确地测出激振力的大小和相位。

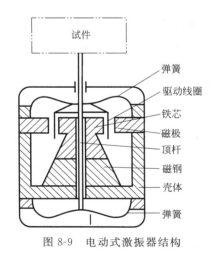

图 8-9 电动式激振器结构

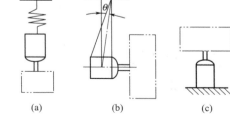

图 8-10 绝对激振时激振器的安装

电动式激振器主要用来对被测对象进行绝对激振，因而在激振时最好使激振器壳体在空间上基本保持静止，使激振器的能量尽量用于对被测对象的激励上。为达到这一要求，在不同的激励频率下，激振器的安装方法有所不同。

在进行较高频率的激振时，激振器都用软弹簧（如橡胶绳）悬挂起来，如图 8-10(a) 所示，并可加上必要的配重，以降低悬挂系统的固有频率，使其固有频率低于激振频率 1/3 以上。进行水平绝对激振时，为了产生一定的预加负荷，需要斜挂 θ 角，如图 8-10(b) 所示。低频激振时，要维持上述条件的悬挂是办不到的，因而都将激振器刚性地装于地面或刚性很好的架子上，如图 8-10(c) 所示，使其安装后的固有频率比激振频率高出 3 倍以上。

激振器和被测对象间往往用一根在激振力方向上刚度很大，而横向刚度很小的柔性杆连接。它既保证了激振力的传递，又大大减小了激振器对试件回转的约束。

尽管电动式激振器有各种型号，但其组成元件却大致相同，所不同的只是元件的结构形式。

二、电磁式激振器

电磁式激振器直接用电磁力作为激振力。电磁式激振器具有体积小、重量轻、激振力大等特点，是非接触式激振，通常用作相对激振，其结构如图 8-11 所示。它由底座、铁芯、励磁线圈、力检测线圈、衔铁、位移传感器等部件组成，其中励磁线圈包括一组直流线圈和一组交流线圈。电磁式激振器的工作原理如下。

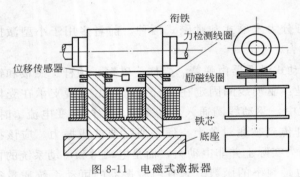

图 8-11　电磁式激振器

当励磁线圈通过电流时，铁芯对衔铁产生的吸力为

$$F = \frac{B^2 A}{2\mu_0} \tag{8-3}$$

式中　B——气隙中磁感应强度，Wb/m^2；

　　　A——铁芯截面积，m^2；

　　　μ_0——真空磁导率 $4\pi \times 10^{-7}$，H/m。

直流励磁线圈电流为 I_0，交流励磁线圈电流为 I_1，则铁芯内产生的磁感应强度为

$$B = B_0 + B_1 \cos\omega t \tag{8-4}$$

式中　B_0——直流电流 I_0 产生的不变磁感应强度；

　　　B_1——交流电流 I_1 产生的交变磁感应强度的峰值。

将式(8-4) 代入式(8-3) 并化简，得

$$F = \left(B_0^2 + \frac{B_1^2}{2}\right)\frac{A}{2\mu_0} + \frac{B_0 B_1 A}{\mu_0}\cos\omega t + \frac{B_1^2 A}{4\mu_0}\cos 2\omega t \tag{8-5}$$

可见电磁力 F 由下面三部分组成：

静态分量　　　　　　　$$F_0 = \left(B_0^2 + \frac{B_1^2}{2}\right)\frac{A}{2\mu_0}$$

一次分量　　　　　　　$$F_1 = \frac{B_0 B_1 A}{\mu_0}\cos\omega t$$

二次分量　　　　　　　$$F_2 = \frac{B_1^2 A}{4\mu_0}\cos 2\omega t$$

若直流电流 $I_0 = 0$，$B_0 = 0$，工作点在 $B = 0$ 处，且 $F_1 = 0$，即一次分量消失，则从图

8-12 可知，由于 $F\text{-}B$ 曲线的非线性，且不管 B_1 是正是负，F 总是正值。因此，B 变化半周，F 变化一周，后者频率为前者频率的两倍，波形严重失真，幅值也很小。当加上直流磁感应强度后，工作点移到 $F\text{-}B$ 曲线近于直线的中段 B_0 处，这时产生的交变力波形与交变磁感应波形基本相同。由式（8-5）可知，由于存在二次分量，F 波形有一定的失真，二次分量与一次分量的幅值比为 $\dfrac{B_1}{4B_0}$。若取 $B_0 \gg B_1$，则可忽略二次分量的影响。

电磁激振的特点是与试件不接触，因此可以对旋转着的对象进行激振。它没有附加质量和刚度的影响，其频率上限约为 $500 \sim 800\text{Hz}$。恒力激振时要设置力监视电路，用人工控制或反馈调节，以保持恒定的激振力幅值。

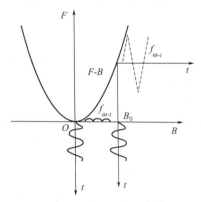

图 8-12　电磁力与磁感应强度的关系

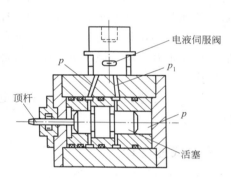

图 8-13　电液式激振器

三、电液式激振器

电液式激振器如图 8-13 所示。其工作原理是：信号发生器的信号，经过放大后操纵由电动式激振器操纵阀和功率阀所组成的电液伺服阀，以控制油路，使活塞往复运动，经顶杆去激振试件。活塞端部输入一定油压的油，形成静压力 p 对试件加上预载。这类激振器的优点是激振力大，行程大，结构尺寸紧凑。但由于油液的可压缩性和高速流动的压力油的摩擦，使电液式激振器的高频特性较差。一般只适用于比较低的频率范围，最高可达 1000Hz。其波形比电动式激振器差。此外，它的结构复杂，制造精度要求高，并且需要一套液压系统。

除了上面介绍的三类常用激振器外，还有用于小型、薄壁试件的压电晶体激振器，以及用于高频的磁伸缩激振器和高声强激振器等。

第四节　振动的测试方法及测振传感器

按照振动信号转换的方式不同，测振方法可分为机械法、电测法和光学法。本节主要讨论电测法及其传感器。

按测试时传感器与被测件间的连接方式不同，测振传感器可分为接触式和非接触式两大类。电容传感器、涡流传感器常用于振动位移的非接触测量；在接触式传感器中，按其壳体

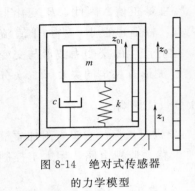

图 8-14 绝对式传感器
的力学模型

的固定方式不同，传感器又可分为相对式和绝对式两种。相对式传感器是指壳体固定在基座上，仅将其活动件通过测杆和被测件相连，它测试被测件相对于基座的振动。显然上述非接触式传感器也都是相对的。绝对式传感器是指壳体固定在被测振动件上，其内部利用弹簧支承一个质量块来感受振动，其力学模型如图 8-14 所示。因此，传感器本身也是一个单自由度振动系统。

传感器是振动测试装置的第一个环节，除了要求它具有较高的灵敏度和在测试的频率范围内有平坦的幅频特性及线性的相频特性外，质量还应尽量小。这是因为固定在试件上的传感器要作为附加质量使被测系统的振动特性发生变化，只有当传感器的质量远远小于被测系统的质量时，其质量影响才可以忽略。

由于振动的位移、速度、加速度之间保持着简单的微积分关系，所以在许多测试振动的仪器中往往带有简单的微积分网络，在测试过程中可以根据需要进行位移、速度和加速度之间的切换。

在接触式传感器中，最常用的有磁电式速度计和压电式加速度计，下面就几种常用传感器进行简单介绍。

一、磁电式速度计

磁电式速度计的工作原理是将作为质量块的由芯轴、线圈和阻尼环构成的惯性系统，在磁气隙中，与壳体的相对运动速度变换成电压信号，其输出电压与线圈切割磁力线速度成正比，即质量块相对壳体的运动速度成正比。

磁电式绝对速度传感器如图 8-15 所示。其工作原理是：壳体与磁铁构成一体并形成磁回路，芯轴、线圈及阻尼环由两个弹簧片支撑在壳体中，由于弹簧片的径向刚度很大，而轴向刚度很小，因此它既能可靠地保持线圈的径向位置，又能保证惯性系统具有很低的固有频率，阻尼环一方面可以增加质量块

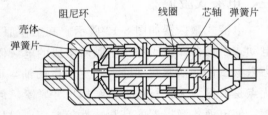

图 8-15 磁电式绝对速度传感器

的质量，另一方面可利用它在磁场中运动所产生的阻尼力减小共振对测试精度的影响，扩大其使用的频率范围，衰减意外引起的自由振动和冲击，当 $\omega \gg \omega_n$ 时，因质量块在绝对空间近乎静止，振动件与质量块的相对位移就近似其绝对位移，相对速度近似其绝对速度。

因为

$$A(\omega)v = \frac{z_{01}\omega}{z_1\omega} = \frac{z_{01}}{z_1} = A(\omega)_z$$

所以绝对式速度传感器的频率特性和绝对式位移传感器一样，如图 8-16 所示。

从图 8-16 可以看出，为了扩展速度传感器的工作频率下限，应该采用 $\zeta = 0.5 \sim 0.7$ 的阻尼比，这样，当允许幅值误差不超过 5% 时，传感器的工作频率下限可扩展到 $\omega/\omega_n = 1.7$。同时，这样的阻尼比也有助于迅速衰减意外瞬态扰动所引起的瞬态振动。在图 8-16 中，$\zeta = 0.5 \sim 0.7$ 的相频特性曲线与频率不成线性关系，在靠近 ω_n 处这种现象更加严重，

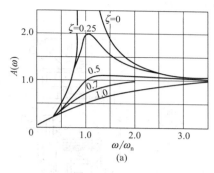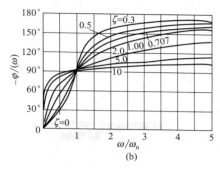

图 8-16　绝对式速度传感器的理论幅频特性和相频特性曲线

若要使其达到 $180°$ 的相移，使之成为一个反相器，ω 必须大于（$7\sim8$）ω_n。由不失真测试条件可以知道，这类传感器在低频范围内无法保证测试的相位精度，测得的波形也有相位失真。从使用要求来看，希望尽量降低绝对式速度计的固有频率，但过大的质量块和过低的弹簧刚度使其在重力场中的静变形很大，结构上有困难，因此其固有频率一般取为 $10\sim15\,\text{Hz}$。

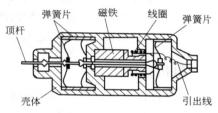

图 8-17　磁电式相对速度传感器

图 8-17 所示为磁电式相对速度传感器，可以用来测试两个试件之间的相对速度。壳体固定在一个试件上，顶杆顶住另一个试件，并将两试件之间的相对振动速度通过与顶杆连在一起的线圈在磁场气隙中的运动，转换成电压输出。

二、压电式加速度计

近年来，压电式加速度计在振动测试中被越来越广泛地应用，这是因为一方面它的使用频率范围比较宽，另一方面它体积小、重量轻，作为引入被测系统的附加质量，其影响较小。质量对测试结果的影响可用下式近似计算：

$$a_1 = \frac{m}{m+m_1}a$$

式中　a_1——带有加速度传感器的被测系统的加速度响应；

　　　a——被测系统的加速度响应；

　　　m——被测系统的质量；

　　　m_1——加速度传感器的质量。

被测系统固有频率的变化可用下式近似计算：

$$f_{nl} = \sqrt{\frac{m}{m+m_1}}\,f_n$$

式中　f_{nl}——带有加速度传感器的被测系统的固有频率；

　　　f_n——被测系统的固有频率。

可见，只有当 $m_1 \ll m$ 时，附加质量的影响才可忽略。

在压电式加速度计的使用上，应该注意以下几个方面。

① 由于压电式加速度计的连接电缆容易引入噪声，因此工作时应尽可能避免连接电缆的动态弯曲、压缩、拉紧，尽可能将电缆固定在被测构件上，并从振动最小点离开被测件，

如图 8-18 所示。由连接电缆引入的噪声对低频信号干扰尤其严重。

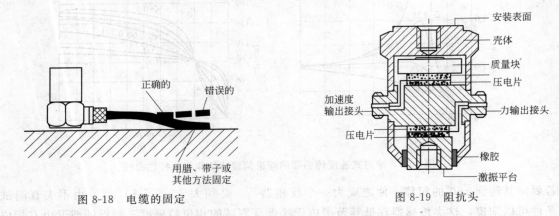

图 8-18　电缆的固定

图 8-19　阻抗头

② 加速度计的使用上限频率取决于幅频曲线中的共振频率，而后者又与加速度计的固定方法有关，要达到其出厂时给出的幅频曲线的最好方法是采用钢螺栓固定。

③ 在振动测试中，环境温度的变化和磁场、声压等都会产生干扰效应，应尽量避免。

三、阻抗头

在激振试验中，还常用一种称为阻抗头的仪器，其结构如图 8-19 所示。它基本上由两部分组成，前端为力传感器，后端为加速度传感器。在结构上两部分应尽量接近。进行激振试验时，将阻抗头装在激振器顶杆和试件之间，其质量块由钨合金制成，壳体用钛合金制成。为了使传感器的激振平台具有刚度大、质量小的性能，选用铍制成。

第五节　振动的分析方法与仪器

从传感器检测到的振动信号和从激振点检测到的力信号，需经过恰当的处理，提取各种有用的信息，图 8-20 给出了振动测试分析的一般过程。最简单地指示振动量的装置是测振仪，把传感器测得的振动信号以位移、速度或加速度的单位指示出它们的峰值、峰-峰值、平均值或有效值。这类仪器一般包括微积分电路、放大器、电压检波和表头，它只能获得振动强度（振级）的信息，而不能获得振动其他方面的信息。为了获得更多的信息，常将振动

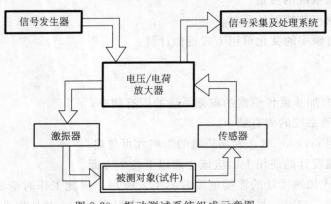

图 8-20　振动测试系统组成示意图

信号进行频谱分析、相关分析等。

　　图 8-21（a）为外圆磨床在空运转时工作台的横向振动记录曲线。它是用磁电式速度传感器测振，经放大后用光线示波器记录的。时域记录表明振动信号中含有复杂的频率成分，但很难对其频率和振源进行判断。图 8-21（b）则是该信号的频谱，它清楚地表明了信号中的主要频率成分，并可借以分析其振源。27.5Hz 是砂轮不平衡所引起的振动；329Hz 则是由于油泵脉动引起的；50Hz、100Hz、150Hz 的振动都和工频干扰及电机振动有关；500Hz 以上的高频振动原因比较复杂，有轴承噪声，也有其他振源，有待进一步试验和分析。所用频谱分析仪器是基于恒带宽比的调谐式滤波器，高频段的频率分辨能力不是太好。

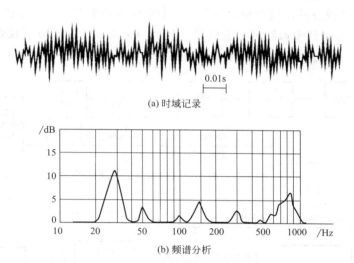

(a) 时域记录

(b) 频谱分析

图 8-21　外圆磨床工作台的横向振动

　　振动幅值的时域记录只能给出振动强度（振级）的概念，经过频谱分析则可以估计其振动的根源，因此可以用于故障分析及诊断。在用激振方法研究机械的动态特性时，需要将所测振动和振动源联系起来，以求出系统的幅频特性、相频特性。这些都需选用适宜的滤波技术和第六章中所介绍过的信号分析处理方法。

　　下面介绍几种常用振动分析仪器的原理。

一、基于带通滤波器的频谱分析仪

　　将信号通过带通滤波器就可以滤出滤波器通带范围内的成分。所用带通滤波器一般是恒带宽比的，即中心频率和 -3dB 带宽的比值是一个常数，各段带通滤波器的 Q 值是一定的。可以将一组中心频率不同而增益相同的固定带通滤波器并联起来，组成一个覆盖所要分析的频率范围的实时频谱分析仪，并可以依次显示各滤波器的输出（图 8-22）。这种多通道固定带通的频谱分析仪，分析效率较高；但仪器结构复杂，而

图 8-22　多通道固定带通滤波器频谱分析仪

且如欲提高频率分辨率，就要提高各带通滤波器的 Q 值，因此在同样的覆盖频率范围内就要增加滤波器的通道数。

　　信号通过一个中心频率可调，但增益恒定的带通滤波器，通过顺序改变其中心频率，可

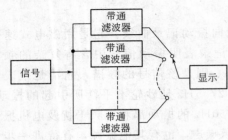

图 8-23　中心频率可调频谱分析仪

以得到被测信号的频谱，如图 8-23 所示。但要使较高 Q 值的恒增益滤波器在宽广范围内连续可调是不容易的，所以通常采用分挡改变滤波器的参数，再予以连续微调方法实现上述目的。

二、利用相关滤波的振动分析仪

利用相关技术可以有效地在噪声背景下提取有用的信息，这对于诸如稳态正弦激振试验或动平衡试验这类工作来说显得尤为重要。因为在这类工作中，感兴趣的只是对与激振频率（或转速）相一致的正弦成分的幅值和相角（相对于激振源或动平衡中的参考信号）。

图 8-24 是稳态正弦激振测试系统框图。利用相关滤波的振动分析仪器的工作原理如图 8-25 所示。

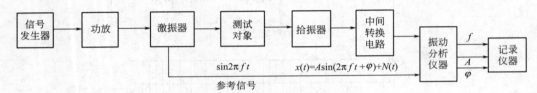

图 8-24　稳态正弦激振测试系统框图

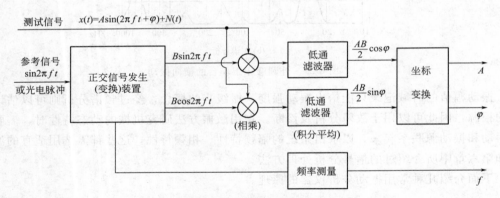

图 8-25　利用相关滤波的振动分析仪的工作原理

图 8-25 中的相乘和积分平均环节可以用模拟电路实现，也可以用瓦特计一类的机电装置实现，还可以用数字技术实现（如 BT6 频率特性测试仪）。图 8-26 就是 BT6 频率特性测试仪的原理框图。

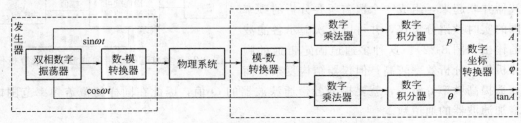

图 8-26　BT6 频率特性测试仪的原理框图

三、跟踪滤波器

跟踪滤波器是指滤波器的中心频率能自动地跟随参考信号，从而达到在强噪声干扰中提取有用信号的目的。跟踪滤波的方案很多，例如用场效应管作开关，令控制脉冲的占空比随参考信号的频率而变，就可以改变回路中电流断续的时间比，使其平均电流发生变化，这就相当于回路中的阻抗随频率而变（图8-27），从而改变带通滤波器的中心频率，这是一种自动调谐式的跟踪滤波。

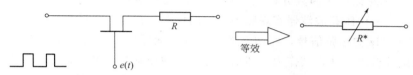

图 8-27 利用场效应管改变回路中的等效电阻

图8-25中的相关滤波也属于跟踪滤波，因为它从测试信号中只提取和参考信号同频率成分的信息。

下面再介绍另外一种跟踪滤波方案——变频（调制）式跟踪滤波，以及应用这种滤波方案的传递函数分析仪。

图8-28所示为这种变频式跟踪滤波器的工作原理。把由 100kHz（$\Omega = 2\pi \times 10^5$）的晶体振荡器的信号和角频率为 ω 的参考信号进行运算处理，得角频率为 $\Omega + \omega$ 的信号。将该信号和测试信号相乘，测试信号中所含角频率为 ω 的成分经此运算后，将得到角频率为 Ω 和 $\Omega + 2\omega$ 两种分量。它经过中心频率为 100kHz（即 Ω）的晶体滤波器（一种窄带滤波器，$-3\mathrm{dB}$ 带宽只有 4Hz，甚至更小）滤波后，只有圆频率为 Ω 的分量得以通过。但是，所通过的信号中虽然其圆频率为 Ω，却保留了测试信号中与参考信号同频率成分的幅值 A 和相角 φ（相对参考信号）的信息。经过整流和相位比较就可以取出这些信息。原测试信号中的噪声 $N(t)$ 可以看成是由各种杂乱谐波所组成的，它们和圆频率为 $\Omega + \omega$ 的信号相乘后，都将被晶体滤波器所摒阻。

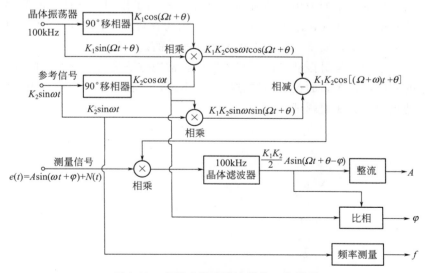

图 8-28 变频式跟踪滤波器的工作原理

从图 8-28 可以看到，从测试信号 $e(t)$ 中提取什么谐波成分完全由参考信号决定。如果参考信号源就是系统的激振信号，则可以得到系统在该激振频率下的响应以及传递特性，在各个频率下进行稳态正弦激振，就可画出奈奎斯特（Nyquist）图或波德（Bode）图。如将参考信号进行扫频，就可以对测试信号 $e(t)$ 进行频谱分析。

相对于自动调谐式跟踪滤波和相关滤波来说，变频式跟踪滤波方案要复杂很多，这是因为在变频式跟踪滤波方案中，必须使晶体振荡器的频率和晶体滤波器的中心频率保持一致。为此，在实际仪器中，常把晶体放在恒温液槽中，这样，仪器的结构也就更为复杂。

图 8-29 所示是以传递函数分析仪为核心进行机械系统动态特性测试的测试系统框图。传递函数分析仪是由跟踪滤波器实现频率分析的仪器。在这一测试系统中，由扫频振荡器连续给出 5～5000Hz 的正弦信号，经功率放大后推动激振器，并通过阻抗头去激振试件。加速度计检测试件振级，并将其作为反馈信号送入振动控制器，来控制振动强度。阻抗头的两个输出（激振力和加速度响应）分别经过电荷放大器，其中力信号再经过质量消除电路后，与放大后的加速度信号一起分别经跟踪滤波器送入相位计和对数变换器，运算后，可用 X-Y 记录仪绘制所需的幅频特性曲线、相频特性曲线和奈奎斯特图。

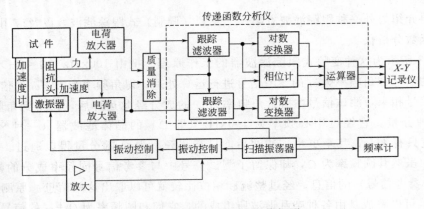

图 8-29 动态特性测试系统框图

应该指出，阻抗头中的力传感器所测得的力 F 不同于作用在试件上的激振力 F_e，这是由于力传感器与试件之间存在附加质量的缘故。因为在许多情况下，F 和 F_e 的差别不可忽视，所以必须进行补偿，质量消除电路正是为此而设的。

限于篇幅，本章只是对振动测试的基本知识和常用方法进行了介绍。随着传感技术和信号分析技术的发展，很多新的振动测试方法已经出现，并在实际中得到应用。发展的方向是数字化、自动化和实时在线测试。

第九章

典型测试系统设计案例

前述各章介绍了测试系统各个组成部分的基础知识，本章将通过典型测试系统案例介绍测试系统的综合设计问题，目的是了解测试系统的设计思路，学会分析测试问题和解决测试问题的方法，从而能够针对不同的实际测试系统设计举一反三。本章针对两个典型测试系统案例，围绕测试系统任务、测试系统方案、测试系统设计等几个方面展开论述。

第一节　微机动态检重秤测试系统设计

一、测试系统任务

动态检重秤，又称为自动分选秤或动态秤，是一种高速度、高精度的在线检重设备。动态检重秤包括秤体及检重仪表两大部分，一般安装在包装生产线的后面。动态检重秤能够对生产线中传输的定量包装产品进行动态称重，由动态检重仪表在短时间内完成测量结果的分析与处理，记录并显示称重结果，发出控制指令对上位机称重装置进行误差调整，或对超出规定误差范围的不合格产品进行剔除。随着生产厂家生产能力的提高和市场对包装精度要求的提高，以及微计算机技术的发展，使高灵敏度、高速率、高可靠性的智能微机称重仪表的研制成为可能。微机动态检重秤在水泥、食品、医药、电子产品等生产包装过程中已逐步成为一个不可缺少的环节，如袋装水泥、袋装粮食、各种袋装食品动态称重等。

本案例任务是开发一款微机动态检重秤，实现以下功能：已经定量包装好的袋装50kg物料在包装生产线传输到达检重秤传动带上，在检重秤上进行动态称重，完成复秤；检重仪表系统完成称量数据的实时显示与统计报表功能，对于重量不合格包装袋向上位机发出校正信号，向下位机发出剔除分拣信号等。

动态检重秤的主要技术指标如下：袋装物料体积不大于750mm×450mm×350mm，传动带传输速度1.08m/s，两袋之间最小间隔350ms，称量能力1800～3000袋/h，静载荷范围65～100kg，显示分辨率标定和检验2g，最大静态误差为30g，最大动态误差为100g等。

动态检重秤的总体结构如图9-1所示，主要包括机械部分和仪表部分。检重秤机械结构由三部分组成，包括秤台、称重传感器、检重秤底座，主要完成袋装物料的运输和动态称重

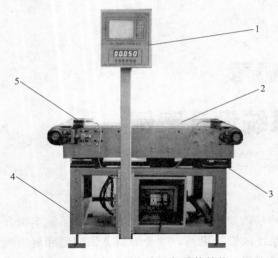

图 9-1　微机动态检重秤总体结构
1—仪表箱；2—秤台；3—称重传感器；
4—底座；5—位置检测传感器

图 9-2 所示。

任务。秤台通过电机带动滚筒及传动带输送袋装物料，然后把重量信号（包括秤台重量和袋装物料重量）传送到称重传感器进行称重。

本案例主要介绍微机动态检重秤测试系统设计，包括传感器选择与检重仪表设计等。

二、测试系统方案

1. 测试系统总体方案

微机动态检重秤测试系统是集重量采集、信号处理、人机交互等功能为一体的智能测试系统。该测试系统以单片机为CPU 核心，包括重量检测与处理模块、人机交互模块、系统辅助功能模块、用户附加功能模块等。测试系统总体方案框图如

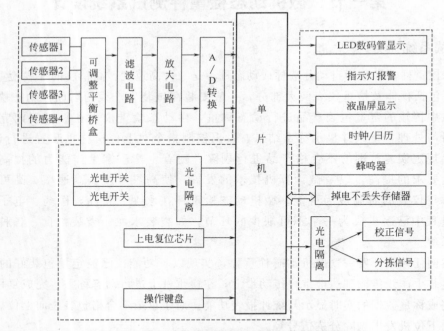

图 9-2　微机动态检重秤测试系统总体方案框图

　　CPU 采用 MSP430 单片机为处理核心，完成整机全部的运算和控制指令，通过接口及软件可向系统的各个部分发出各种命令，对被测参数进行巡回检测、数据处理、计算、报警处理以及逻辑判断等操作。

　　重量检测与处理模块主要包括四路传感器，将四路传感器信号转化成一路信号的可调整的平衡桥盒，以及滤波、放大电路和 A/D 转换电路。该模块主要对被测物体的重量信息进

行采集，将其重量值转化为电信号值，对该信号进行相应的滤波、放大处理后，转化为CPU能够识别的数字量信号。

人机交互输入模块主要包括用于修改和设置参数的操作键盘，主要对检重仪表进行参数的设置与修改。

人机交互输出模块主要包括重量显示的LED数码管显示、发出报警信号的指示灯以及用于显示整机参数的液晶屏显示等。

系统辅助功能模块主要辅助整机系统完成一些附加的功能，如存储功能、时间显示功能、上电复位功能以及报警功能等。

用户附加功能模块主要包括袋装物料位置检测用光电开关，发送给上位包装机的校正信号和下位剔除机的分拣信号。

在工业生产中使用动态检重仪表，现场条件常常是很复杂的，当传感器的信号被转换成微弱的低电平电压信号并通过长距离传输至检重仪表时，除了有用的信号外，经常会出现一些干扰信号。在本案例中，主要采用滤波方式进行检重仪表的抗干扰。滤波是让被测信号中有效成分通过而将其中不需要的成分抑制或衰减掉的一种过程。电源电路的抗干扰设计采用低通LC滤波电路，主要是防止大功率设备对电源的影响。在输入信号的硬件滤波处理上，采用RC低通滤波电路进行抗干扰电路的设计，RC滤波电路主要是滤掉低频信号干扰。

重量检测与处理模块是整个测试系统设计的重点，也是保证整机精度的核心部分，主要包括传感器的选型，多个传感器之间的连接方式，测试信号的后续处理等。每一部分电路的选型与设计将直接影响整机的精度。下面主要叙述重量检测与处理模块设计。

2. 重量检测与处理模块设计

（1）重量检测传感器选择

重量检测主要使用的是测力传感器。测力传感器按照输出物理量特征可分为数字量测力传感器和模拟量测力传感器，按受力方式又可分为直压式测力传感器和悬臂梁式测力传感器。本案例称重传感器采用悬臂梁式模拟量输出传感器。

本案例选用德国HBM公司的Z6FC3型称重传感器，如图9-3所示，该传感器是带有保护波纹管的悬臂梁应变式传感器，精度等级为C3，通过两个螺栓将传感器固定在底板上，单孔一侧承受称重外力，称重传感器的中

图 9-3 悬臂梁式称重传感器

部使用波纹管保护应变梁，梁的上下表面粘贴有电阻应变片。该类型传感器是基于电阻应变桥式原理，利用金属的电阻应变效应，将悬臂式应变梁的变形量转换成电阻值的变化。

悬臂梁式称重传感器工作原理如图9-4所示，在弹性元件应变梁的上下表面上粘贴有四片电阻应变片，当弹性元件受到如图9-4所示方向的力F时，R_1、R_3电阻应变片被压缩，阻值减小，R_2、R_4电阻应变片被拉伸，阻值增加。

当把四个电阻应变片连接成桥式测量电路时（图9-5），在对角线4、2两点接入稳压电源，在1、3两点就可以得到毫伏级电压信号输出。

（2）传感器信号整合电路选择

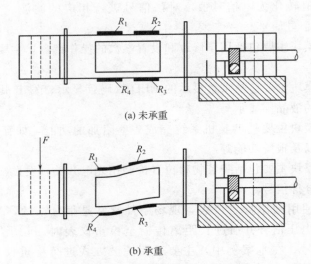

(a) 未承重

(b) 承重

图 9-4　悬臂梁式称重传感器工作原理

　　动态检重秤的机械秤体采用四点支撑式结构，故传感器应该选用四个悬臂梁称重传感器作为受力装置。多个称重传感器进行称量时，受机械安装和整机设计的影响，容易产生各个传感器受力的不均，且各个传感器在生产和制造时的各项性能指标不可能达到完全一致，因此很容易产生偏载误差和角差。由于检重仪表只使用一台，要将检重秤各个传感器的信号整合为一路信号传输给检重仪表，需要进行传感器信号整合电路的设计，保证输出信号的一致性，避免出现偏载误差和角差。

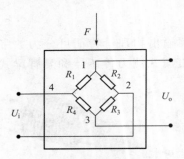

图 9-5　桥式测量电路

图 9-6　VKK1-4 型平衡桥盒

　　多路传感器信号的整合电路称为平衡桥盒或接线盒。本案例选用德国 HBM 公司生产的 VKK1-4 型平衡桥盒，如图 9-6 所示。该平衡桥盒可以并行连接四个传感器，一路输出与后续电路连接，平衡桥盒内部具有集成的电阻网用于四角调整，可以最大限度地消除偏载误差和角差。

　　（3）信号处理电路芯片选型

　　在动态检重仪表的信号处理过程中，传感器采集输出的模拟信号要经过滤波、放大和 A/D 转换为数字信号，通过串口传输给单片机进行处理，转换为称量的实际重量，然后将该重量数据送给数码管和液晶屏进行显示。

　　信号处理电路主要包括滤波与放大电路和 A/D 转换电路。本案例选用在动态检重仪表中被广泛应用的 CS5532 芯片，该芯片集放大、滤波以及 A/D 转换和串行通信等处理模块为一体，为信号处理模块省去了很多的硬件电路设计。

　　根据技术要求，袋装物料的静载荷范围为 65～100kg，考虑检重秤的过载范围，故检重仪表的最大量程为最大静载荷的 200%，即最大量程为 200kg。

　　根据技术要求中标定、检验时的分辨率为 $d=2g$，故要满足最小分辨率，取最小分辨率为 $50\% \times d = 1g$，故 A/D 转换芯片的分辨率 n 为

$$2^n = \frac{\text{最大量程}}{\text{最小分辨率}} = \frac{200 \times 10^3}{1} = 2 \times 10^5$$

计算得 $n=18$，故 A/D 转换的位数至少为 18 位。

　　根据计算出的 A/D 转换的位数以及技术指标要求，A/D 转换芯片选用美国 Cirrus Logic 公司生产的 24 位 A/D 转换芯片 CS5532。

3. 袋装物料位置检测传感器选型

　　袋装物料在检重秤上进行动态称重时，检重仪表应能够在袋装物料进入和离开称重区域时，判断袋装物料的位置，以此来决定系统开始测量和停止测量的时间。

　　本案例选用两个德国倍加福公司生产的 RL31 系列漫反射式光电开关完成袋装物料的位置检测，如图 9-7 所示。本案例所选的光电开关可以近距离检测物体并发出信号，在 10～300mm 的检测范围内可以保证袋装物料经过检重秤时能够被检测到。

图 9-7　倍加福漫反射式光电开关

三、测试系统软件设计

　　根据以上任务模块，可得检重秤测试系统软件设计流程如图 9-8 所示。

四、检重秤系统试验

1. 检重秤静态试验

（1）检重秤零漂试验

　　检重秤零点漂移试验是对检重仪表的零点进行测试。在检重秤不加载称量重物及初始清零的情况下长时间对检重仪表的零点进行测试和记录，分析记录结果并测量检重仪表的零点漂移。

（2）检重秤线性度试验

　　检重秤线性度试验是对检重仪表的线性性能进行测试。在检重仪表额定载荷范围内，不断从初始值增加规定载荷，检测检重仪表的示值与载荷重量的一致性。试验过程中从零点开始分别增加检重秤砝码依次为 2g、5g、10g、20g、50g、100g、200g、500g、1kg、10kg，记录试验结果并绘制曲线，以此来测量检重仪表的线性度。

（3）检重秤偏载误差及角差试验

　　检重秤偏载误差及角差的试验是针对称重物料在检重秤的不同位置时，其检重仪表的重量显示值与额定重量值可能存在的误差，需要补偿达到输出显示值一致性而进行的试验。偏载误差及角差试验需要将额定重量的砝码分别放在秤体的四个偏载位置及中间位置，如图 9-9 所示秤盘上的五个试验位置点，记录其重量显示值，通过重量显示值和额定重量值之间的差值来调整平衡桥盒的可调电阻，以此来补偿偏载误差及角差。

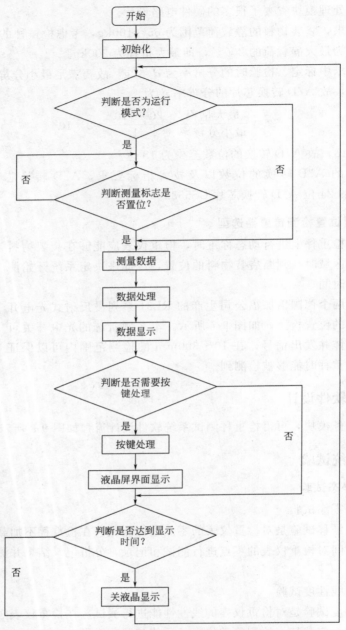

图 9-8　检重秤测试系统软件设计流程

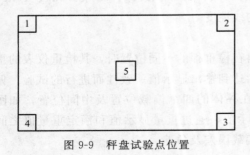

图 9-9　秤盘试验点位置

2. 检重秤动态试验

检重秤的动态试验主要测试整机的准确性精度和重复性精度。

整机的准确性精度测试：不同袋装物料分别上秤进行动态测量重量，与相应袋装物料静态测量的实际重量进行比较，得出误差，以此来衡量整机的准确性精度。

整机的重复性精度测试：对同一袋袋装物料进行重复性称量，记录每一次的测量重量，分析测量值之间的重复性误差值，以此来衡量整机的重复性精度。

第二节　锂锰扣式电池厚度自动测量系统设计

一、测试任务

锂锰扣式电池如图 9-10 所示，该类电池广泛用于电脑主机板、遥控器、有源 RFID 产品、电子价格标签、胎压计、玩具等多种产品，作为记忆支撑或动力电源。

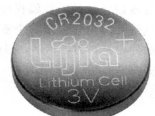

为了便于使用和安装，该类电池的直径和厚度都有明确的要求，以图 9-10 所示的 CR2032 锂锰扣式电池为例，其直径尺寸要求为 $\phi 20_{-0.1}^{0}$ mm，厚度尺寸要求为 $3.2_{-0.06}^{0}$ mm，分辨率为 0.01mm，因此该种电池在出厂之前都要进行尺寸和外观检验。本案例的测试任务是在电池出厂前对批量生产的 CR2032 锂锰扣式电池的厚度进行测量，并剔除厚度不合格电池。

图 9-10　CR2032
锂锰扣式电池

二、测试系统方案

图 9-11 所示为 CR2032 锂锰扣式电池厚度检测系统传动装置简图。

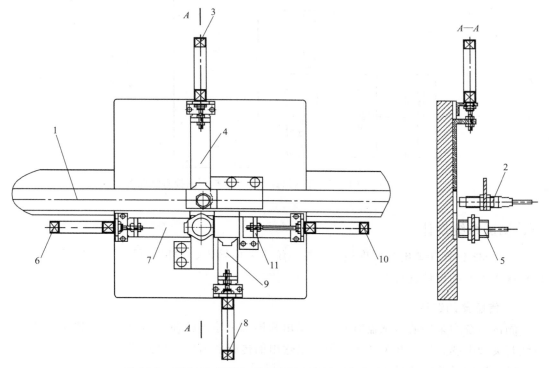

图 9-11　CR2032 锂锰扣式电池厚度检测系统传动装置简图
1—传送带；2,5—传感器；3,6,8,10—气缸；4,7,9—推铲；11—托板

工作原理如下：从前道工序经传送带 1 传送过来的成品电池到达电池到位检测传感器 2 后，上料气缸 3 带动推铲 4 将成品电池推到厚度检测传感器 5 处，经厚度检测传感器 5 检测完厚度后，出料气缸 6 带动推铲 7 将成品电池推出，若厚度检测不合格，剔除气缸 10 带动托板 11 退回，将厚度不合格电池从落料孔落下剔除，若厚度检测合格，剔除气缸 10 保持推出状态不动，由回料气缸 8 带动推铲 9 将成品电池推到传送带 1 上，送往后续工序。

该测试控制系统采用可编程控制器作为数据采集、处理以及控制单元；采用触摸屏实现数据显示、参数输入以及单动调试等功能；采用位移传感器检测电池的厚度，经放大器单元后，输出 4～20mA 的电流信号，由模-数转换模块将位移传感器输出的模拟量转换成数字量送入可编程控制器；CR2032 锂锰扣式电池厚度检测系统中的气缸均选择磁性气缸，每个气缸带两个磁性开关用于气缸两个极限位置检测；由于 CR2032 锂锰扣式电池的外壳材料为不锈钢，因此采用电感式接近开关作为电池到位检测传感器，测控系统的框图如图 9-12 所示。

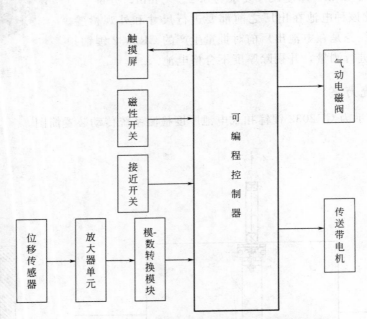

图 9-12　CR2032 锂锰扣式电池厚度检测测控系统框图

三、测试系统设计

CR2032 锂锰扣式电池厚度检测测控系统主要由输入、输出、显示三个单元组成，下面针对输入单元的设计进行介绍。

1. 传感器的选择

测试系统中采用的传感器有开关量输出和模拟量输出两种，其中开关量输出的传感器有磁性开关和电感式接近开关两种，模拟量输出的传感器为位移检测传感器。

（1）磁性开关的选择

目前磁性开关主要有基于磁铁吸附原理的两线有接点的磁簧管型磁性开关和基于霍尔效

应原理的三线无接点的晶体管型磁性开关两种类型，其中根据信号输出方式不同晶体管型磁性开关又分为 NPN 输出型和 PNP 输出型两种。当将晶体管型磁性开关连接到可编程控制器时，所有传感器的输出方式必须相同，即全部都是 NPN 输出型，或全部都是 PNP 输出型，否则无法接线。

磁簧管型磁性开关既可接 24V 的直流负载，也可接 220V 的交流负载；晶体管型磁性开关只能接 24V 的直流负载。磁簧管型磁性开关无漏电流，晶体管型磁性开关有微小的漏电流；晶体管型磁性开关比磁簧管型磁性开关的寿命长、响应速度快。通常采用两线有接点的磁簧管型磁性开关，图 9-13 所示为本系统选用的两线有接点的磁簧管型磁性开关及其连接件。

磁性开关只有安装在磁性气缸上才能发挥作用，另外禁止将两线的磁性开关直接接到电源上，必须带负载，否则传感器将烧毁。

图 9-13　磁性开关及其连接件

图 9-14　电感式接近开关

（2）电感式接近开关的选择

电感式接近开关的输出只有晶体管型一种，但有两线型和三线型，由于两线型的漏电流比三线型的大，所以通常选用三线型的，图 9-14 所示为电感式接近开关。

选择电感式接近开关时通常要考虑以下几方面的因素。

① 检测距离：每种型号的接近开关都标有一个名义检测距离，这个检测距离是指检测厚度不小于 1mm、尺寸不小于传感器头部尺寸、材质为铁试件时的检测距离。当被检测的零件尺寸较小或厚度较薄时检测距离都要减小；当零件材质为不锈钢时，检测距离减小 15% 左右，当零件材质为铜或铝时，检测距离减小 60% 左右。

② 供电电压：电感式接近开关有直流 24V 和交流 220V 两种，可根据需要进行选取，通常采用直流 24V 的电感式接近开关。

③ 屏蔽型与非屏蔽型：电感式接近开关有屏蔽型（齐平型）和非屏蔽型（非齐平型）两种，非屏蔽型的检测距离要大于屏蔽型的，但是非屏蔽型电感式接近开关检测头周围的金属对传感器会产生影响，而屏蔽型电感式接近开关检测头周围的金属对传感器不会产生影响。

④ 传感器输出方式：电感式接近开关有 NPN 输出型和 PNP 输出型两种，当将传感器连接到可编程控制器上时，所有传感器的输出方式必须相同，即全部都是 NPN 输出型或全部都是 PNP 输出型，否则无法接线。此外，传感器的输出又分常开和常闭两种。

本系统中选用的是欧姆龙的 E2A-M12KN08 电感式接近开关。其主要参数是：外径 M12、检测距离 8mm、直流 24V 供电、NPN 输出、常开型。

（3）位移传感器的选择

位移传感器种类很多，可用于锂锰扣式电池厚度检测的主要有以下几种。

① 接触式位移传感器：如欧姆龙的 D5M-5R 接触式位移传感器，由于采用接触式测量，所以不受环境的影响，可靠性高，但是由于是接触式的，所以有划伤电池的风险，同时长时间使用还会产生磨损从而影响检测精度。

② 电容式位移传感器：属于非接触式测量，所以无磨损，也没有划伤电池的风险，同时该种传感器的检测精度也很高，但是该种传感器容易受周围环境的影响，使用场合要求干净，任何油污、尘埃、水等介质进入传感器与被检测工件之间，都将影响测量结果。

③ 激光三角测量位移传感器：属于非接触式测量，所以无磨损，也没有划伤电池的风险，不受周围环境的影响，同时该种传感器的检测精度也很高，但是价格昂贵。

④ 电涡流位移传感器：属于非接触式测量，所以无磨损，也没有划伤电池的风险，不受周围环境的影响，同时该种传感器的检测精度也很高，并且价格适中，所以采用该种类型的传感器。

所选传感器型号为欧姆龙 E2CA-X5A 电涡流位移传感器，如图 9-15 所示，配相应的放大器 E2CA-AL4E。

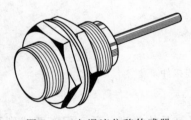

图 9-15　电涡流位移传感器

电涡流位移传感器 E2CA-X5A 的主要性能如下。

a. 检测距离范围：1～5mm。

电池厚度的检测范围要求为 3.14～3.2mm，满足要求。

b. 分辨率：0.05%FS。

传感器的满量程为 5mm，其分辨率为 $5 \times 0.05\% = 0.0025mm$。

电池厚度检测分辨率要求为 0.01mm，满足要求。

c. 响应频率：5kHz。

本系统生产率一般为 60 个/min，除去气缸动作时间外。留给 A/D 转换的时间大于 100ms，由于每个电池的厚度是恒定的，因此位移信号可以近似看成是一个低频信号，满足要求。

d. 输出信号：4～20mA。

一般模-数转换模块的输入信号范围有－10～10V、0～10V、0～5V、1～5V、0～20mA、4～20mA 等多种可以选择，因此该传感器的输出信号满足一般模-数转换模块对输入信号的要求。

2. 模-数转换模块的选择

综上所述，与模-数转换模块相关的位移传感器经过放大器后输出的参数主要有：要求至少有一路模拟量输入，位移传感器输出信号 4～20mA、分辨率 0.01mm，每次检测 A/D 转换的时间大于 100ms。

由上述可得出对模-数转换模块的基本要求如下。

① 输入信号范围：4～20mA。

② 分辨率：因为电池厚度的分辨率要求为 0.01mm，传感器的满量程为 5mm，所以分辨率为 0.01/5＝1/500FS。因此，可以选择分辨率高于 1/500FS 的模-数转换模块，或选不低于 9 位的模-数转换模块。

③ 转换时间：如果每检测一个电池采样 10 个点进行平滑滤波处理，则每次转换时间要求不大于 10ms/点。

④ 转换点数：1 个。

根据上述要求，选择的模-数转换模块为 CPM1A-AD041，其主要参数如下：输入信号范围 4～20mA；分辨率 1/6000FS；转换时间 2ms/点；输入点数 4 个。

3. 检测系统设计

（1）检测系统硬件设计

CR2032 锂锰扣式电池厚度检测系统的传感器输入部分原理如图 9-16 所示。

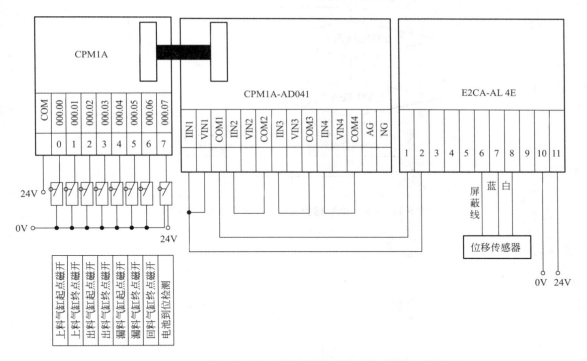

图 9-16 CR2032 锂锰扣式电池厚度检测系统的传感器输入部分原理

检测电池厚度的位移传感器 E2CA-X5A 的信号进入放大器 E2CA-AL4E 中，输出 4～20mA 的电流信号，该信号通过模-数转换模块 CPM1A-AD041 转换成数字量送入欧姆龙 CPM1A 可编程控制器；气缸的磁性开关直接连入可编程控制器的输入口。

（2）检测系统软件设计

CR2032 锂锰扣式电池厚度检测系统程序框图如图 9-17 所示。

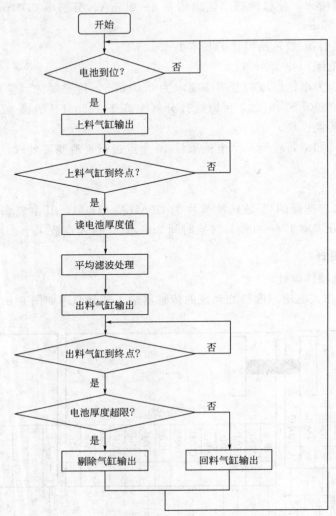

图 9-17　CR2032 锂锰扣式电池厚度检测系统程序框图

参考文献
REFERENCE

[1] 王建民，曲云霞主编．机电工程测试与信号分析，北京：中国计量出版社，2004．

[2] 熊诗波，黄长艺主编．机械工程测试技术基础．第3版．北京：机械工业出版社，2006．

[3] 王伯雄，王雪，陈非凡主编．工程测试技术．北京：清华大学出版社，2006．

[4] 刘春主编．机械工程测试技术．北京：北京理工大学出版社，2006．

[5] 谢里阳，孙红春，林贵瑜主编．机械工程测试技术．北京：机械工业出版社，2012．

[6] 黄长艺，卢文祥，熊诗波主编．机械工程测量与试验技术．北京：机械工业出版社，2000．

[7] 刘培基，王安敏主编．机械工程测试技术，北京：机械工业出版社，2003．

[8] 祝海林主编．机械工程测试技术．北京：机械工业出版社，2012．

[9] 钱显毅，唐国兴主编．传感器原理与检测技术．北京：机械工业出版社，2011．

[10] 秦树人主编．机械工程测试原理与技术．重庆：重庆大学出版社，2011．

[11] 韩建海，马伟主编．机械工程测试技术．北京：清华大学出版社，2010．

[12] 张重雄．现代测试技术与系统．北京：电子工业出版社，2010．

[13] 吴正毅．测试技术与测试信号处理．北京：清华大学出版社，1988．

[14] 黄惟一．测试技术——理论与应用．北京：国防工业出版社，1988．

[15] 刘金环，任玉田．机械工程测试技术．北京：北京理工大学出版社，1990．

[16] 王建民，王爱民等．机电工程测试技术．北京：中国计量出版社，1995．

[17] 梁德沛，李宝丽．机械工程参量的动态测试技术．北京：机械工业出版社，1996．

[18] 王光铨，毛军红．机械工程测量系统原理与装置．北京：机械工业出版社，1998．

[19] 刘金环．工程测试技术．北京：兵器工业出版社，1998．

[20] 卢文祥，杜润生．机械工程测试·信息·信号分析．第2版．武汉：华中理工大学出版社，1999．

[21] 卢文祥，杜润生．工程测试与信息处理．武汉：华中理工大学出版社，1999．

[22] 于永芳，郑仲民．检测技术．北京：机械工业出版社，2000．

[23] 严普强，黄长艺．机械工程测试技术基础．北京：机械工业出版社，1988．